土建施工验收技能实战应用图解丛书

模板施工与验收实战应用图解

本书编委会　编

中国建筑工业出版社

图书在版编目（CIP）数据

模板施工与验收实战应用图解/《模板施工与验收实战应用图解》编委会编. —北京：中国建筑工业出版社，2017.9
（土建施工验收技能实战应用图解丛书）
ISBN 978-7-112-21003-9

Ⅰ.①模… Ⅱ.①模… Ⅲ.①模板-建筑工程-工程施工-图解②模板-建筑工程-工程验收-图解 Ⅳ.①TU755.2-64

中国版本图书馆CIP数据核字（2017）第172624号

本书内容共四章，包括模板工程的基础知识；各种模板施工工艺图解；梁、板、柱、墙模板验收要点；模板施工实例解析。详解了模板的作用和要求及分类，模板施工中存在的安全问题和对模板工程的质量控制，工艺图解和验收要点，并有详细的工程实例实战分析。

本书适合施工一线人员参考使用。

责任编辑：张　磊　万　李
责任设计：李志立
责任校对：李欣慰　李美娜

土建施工验收技能实战应用图解丛书
模板施工与验收实战应用图解
本书编委会　编
*
中国建筑工业出版社出版、发行（北京海淀三里河路9号）
各地新华书店、建筑书店经销
霸州市顺浩图文科技发展有限公司制版
北京市安泰印刷厂 印刷
*
开本：787×1092毫米　1/16　印张：5¾　字数：138千字
2017年11月第一版　2017年11月第一次印刷
定价：**25.00**元
ISBN 978-7-112-21003-9
（30645）

本书编委会

主　　编： 赵志刚　刘　琰

副 主 编： 隈　伟　刘明文　傅文君　沈利强

参编人员： 方　园　刘　锐　胡亚召　李大炯　谭　达

邢志敏　杨文通　时春超　张院卫　章和何

曾　雄　陈少东　吴　闯　操岳林　黄明辉

殷广建　李大炯　钱传彬　刘建新　刘　桐

闫　冬　唐福钧　娄　鹏　陈德荣　周业凯

陈　曦　艾成豫　龚　聪　唐国栋

前　言

随着社会的发展和建筑行业的新常态，建筑市场应用型人才受到越来越多企业的青睐。在国家提倡多层次办学以及应用型人才实际需要的情况下，特地为高职高专、大中专土木工程类及相关专业学生和土木工程技术与管理人员编写此本建筑专业技术书籍。

本书共分四大章，主要内容有：（1）模板工程的基础知识；（2）各种模板施工工艺图解；（3）梁、板、柱、墙模板验收要点；（4）模板施工实例解析。详细讲解了模板的作用和要求及分类，模板施工中存在的安全问题和对模板工程的质量控制，工艺图解和验收要点，并有详细的工程实例实战分析。

通过学习本书，你会发现以下优点：

（1）本书系统地介绍了模板施工与验收的实战应用，以图文并茂的形式展现理论和实践，让初学者快速入门，学而不厌，很快掌握现场施工管理要点。

（2）紧密结合现行建筑行业规范、标准及图集进行编写，编写重点突出，内容贴近实际施工需要，是施工从业人员不可多得的施工作业手册。

（3）注重培养应用型实践人才，提高工程技术管理人员对模板施工的施工工艺及工法的应用，加强模板施工的质量控制和实战经验。

本书由北京城建北方建设有限责任公司赵志刚担任主编，由广东重工建设监理有限公司刘琰担任第二主编；由荣盛建设工程有限公司隗伟、北京城建一建设发展有限公司刘明文、浙江振丰建设有限公司傅文君、浙江中屹建设集团有限公司沈利强担任副主编。由于编者水平有限，本书编写过程中难免有不妥之处，欢迎广大读者批评指正，意见及建议可发送至邮箱 bwhzj1990@163.com。

目　　录

第 1 章　模板工程的基础知识

1.1　模板的作用与要求

模板是新浇筑的混凝土结构或者成型的模型，其作用是使硬化后的混凝土具有图纸设计所要求的尺寸和形状，并且其满足自身的荷载，混凝土浇筑时受冲击而不变形。

模板的加工和安装必须满足以下基本要求：

1.1.1　模板制作要求

模板要保证结构或者构件形状和尺寸及位置的正确，满足施工图纸设计要求，且保证在混凝土浇筑完成后在允许的偏差范围之内（表 1-1）。

模板安装的允许偏差　　**表 1-1**

项　目	允许偏差(mm)	检查方法
轴线位移	5	尺量检查
底模上表面标高	±5	水准仪或拉线、尺量
基础截面内部尺寸	±10	尺量检查
柱、墙、梁截面内部尺寸	±5	尺量检查
柱、墙层高垂直度(≤6m)	8	经纬仪、吊线、尺量
柱、墙层高垂直度(>6m)	10	经纬仪、吊线、尺量
表面平整度	5	2m 靠尺和塞尺检查
相邻两板表面高低差	2	尺量检查

1.1.2　模板安装要求

模板安装应该选用表观质量较好的模板，板面应该光滑平整，有一定的耐冲击性、耐摩擦性、耐酸碱腐蚀性、耐热及耐水性能（图 1-1）。

在模板安装过程中，应该对模板及其支架进行观察和维护，安装上层模板及其支架时，下层楼板应具有承受上层荷载的承载能力，上下层支架的立柱应对准，并且铺设垫板，上下支架对准有利于混凝土重力及施工荷载的传递，这个是保证施工安全和质量的有效措施。

模板的拼接部位应规整，不应漏浆，在浇筑混凝土前，应该对整个板面进行浇水湿润，使得模板内含有水分，浇筑混凝土时，不把混凝土水分吸收到模板内，但模板内不得有积水，否则会影响混凝土强度（图 1-2）。

模板与混凝土的接触面应该清理干净，起皮的模板应该清理干净，并且在所有接触面上涂刷隔离剂，但隔离剂不得采用影响钢筋混凝土结构性能或者妨碍装饰工程的隔离剂，如废机油等。在涂刷隔离剂时，应控制涂刷量，并且拼接模板的时候，不得沾污钢筋表

图 1-1　表观质量较好的模板工程

图 1-2　对模板进行浇水湿润

面，以免降低钢筋和混凝土的裹握力。

固定在模板上的预埋件，应该安装牢固，如有预留孔洞的地方，预留孔洞四周均应该满钉细板条或者三夹板，以免漏浆。

1.2　模板的分类

建筑模板是混凝土浇筑成型的支架和膜壳，是一种临时支护措施。

1.2.1 按材料分

1. 木质模板

木质模板的选材一般多用为杉木和松木，但木质模板对于木材的消耗量大，使用效率低，已不提倡使用。

2. 胶合木模板

胶合木模板是一种人造板，用涂胶后的单板按木板的木纹方向进行压制而成的，胶合木模板能有效使用木材的边角料进行制作，大大提高木材的利用率，施工现场多使用九合板，值得一提的是，因为模板考虑到循环利用，胶合木模板在选材的时候，要考虑胶水的好坏，否则在施工过程中可能会造成脱模不利或者模板损坏。

3. 胶合竹模板

胶合竹模板也是一种人造板，其强度高，韧性好，静曲强度是木材强度的 9～10 倍，强度为胶合木模板的 4～6 倍，所以采用胶合竹模板可以减少对模板的支撑木料的使用量，大大节省资源，而且胶合竹模板表面平整光滑，容易脱模，可取消抹灰找平作业，大大缩短后期装修作业的工期。

4. 建筑钢模板

建筑钢模板是一种定型建筑模板，是使用连接构件拼装而成的，在钢筋混凝土结构施工中使用广泛，如筒中筒结构或者框架筒结构，钢制建筑模板虽然一次性资金投入较大，但模板的周转率相当高，所以应该考虑实际施工需求而决定（图 1-3）。

5. 铝合金建筑模板

铝合金建筑模板也是一种定型模板，和建筑钢模板结构造型相似，但重量轻，刚度大，拼接简单，周转率高，但因为其造价较高，在实际施工中未普遍使用（图 1-4）。

图 1-3 建筑钢模板

图 1-4 铝合金模板

1.2.2 按施工方式分

1. 大模板

大模板是整体工具式模板，一般是一面剪力墙，是由一块大模板组成的，多用于筒体结构中，大模板由面板、加劲肋、稳定机构、支撑桁架等组成，面板多为钢板、胶合木模

图 1-5　钢制大模板

板、胶合竹模板，也可以使用小钢模组拼而成，如面板是钢板的话，加劲肋多是配角钢或者槽钢，面板是竹木模板的话，多配以方木和钢管以对拉螺栓拉紧而成。大模板之间的固定连接，以相对水平的两块大模板用对拉螺栓拉筋，顶部用夹具固定后，支模就完成了，大模板浇筑墙体，待浇筑好的混凝土强度达到 1MPa 后就可拆除，夏天气温在 35℃时预计 3d 可拆模，冬季气温在 0℃时预计 5d 可拆模板，值得注意的是，对于大模板切记不能过早拆模，因为两块大模板连接是用对拉螺栓连接的，过早拆模会对对拉螺栓造成松动，螺栓与混凝土之间形成一条穿透的缝隙，易造成漏水（图 1-5）。

2. 滑模

滑模是现浇混凝土结构施工中机械化程度较高、施工较快、现场占用面积少、结构整体刚度强、施工安全保障高的一项工程技术。但滑模的组成不仅包括工具式模板，还包括动力滑升设备和配套施工工艺等综合技术，目前主要以液压千斤顶为滑升动力，在成组千斤顶的同步作用下，带动 1m 多高的工具式模板或滑框沿着刚成型的混凝土表面或模板表面滑动，混凝土由模板的上口分层向套槽内浇灌，每层一般不超过 30cm 厚，当模板内最下层的混凝土达到一定强度后，模板套槽依靠提升机具的作用，沿着已浇灌的混凝土表面滑动或是滑框沿着模板外表面滑动，向上再滑动约 30cm，这样如此连续循环作业，直到达到设计高度，完成整个施工。值得注意的是滑模的高度应该控制在 1.2m 以内，高度高，混凝土的冲击力大，混凝土对模板的侧压力也大，会引起胀模，滑模施工技术作为一种现代混凝土工程结构高效率的快速机械施工方式，在土木建筑工程各行各业中，都有广泛的应用（图 1-6）。

图 1-6　滑模现场施工图

3. 爬模

爬模也叫跳模，是由爬升模板、爬架、爬升设备三部分组成的，常用于桥墩、筒体结构、剪力墙结构中，由于自带爬升设备具有自爬能力，因此不需要起重机械帮助其爬升，减少建筑设备机械的支出，而且爬架设置在脚手架上可省去与爬架面积相同的外脚手架，综上所述，爬架能减少机械数量的支出，加快施工速度，创造经济效益（图1-7）。

图 1-7　爬模现场施工图

4. 飞模

飞模可以借助起重机械从已浇筑完的混凝土楼板下吊运飞出转移到上层重复使用，所以称之为“飞模”。飞模主要有支撑系统、施工平台、升降系统和行走系统，主要适用于开间大、进深大、柱网分布均匀且大的工程，采用飞模进行施工的混凝土楼层，模板一次性组装完成，重复使用的，不需要逐层安装，支拆模板，简化模板施工工艺，节约人工用工量的支出，加快施工进度，由于飞模是凌空施工的，能减少施工堆放场地的设置，对于施工场地紧凑的工程具有相对的优越性（图 1-8、图 1-9）。

图 1-8　飞模现场施工图

图 1-9　飞模吊运飞出施工图

1.3　模板施工的安全问题及质量控制

建筑工程模板是主体结构工程主要的组成部分，它的质量好坏直接影响到建筑主体结构的成型和表观质量，随着科技的进步和使用的需求，“高、大、难”混凝土结构的大量涌现，模板工程的施工难度也随之增大，由此带来的质量和安全问题也受到越来越多的关注，因此，在保证安全施工的前提下，确保质量的情况下，减少模板的费用，节约劳动资源，是很有必要的。

1.3.1　模板工程的安全措施

1. 施工前准备工作

模板安装前必须根据工程设计图纸、荷载大小、施工机械设备和材料选用等条件进行设计、验算，编制模板施工方案。

由项目部技术负责人对现场支模施工队进行全面详细的安全技术交底并且对施工方案进行宣贯。

2. 模板安全施工措施

模板安装和拆除由项目部技术负责人进行实时监督，安全员对安全隐患进行提出并要求相关人员进行整改，公司安全技术科进行抽检，确保施工安全。

吊运模板时，应该按预先规定准备好的吊点位置，进行试吊，确认安全无误后，方可正式吊运安装，吊运大模板时，必须在模板安放到规定位置并且连接可靠后，方可脱钩，吊装大模板时应设专人进行统一指挥，以免发生安全事故。吊装尺寸不一、零散模板时应该码放整齐，绑扎牢固后方可弃掉，当风力达到五级以上时应该通知一切吊装作业，并且在作业层上的模板也应该固定牢固。

模板安装时，模板安装高度在 2m 或者 2m 以上时，应该按高处作业进行，当模板安装高度超过 3m 时，必须搭设脚手架，脚手架下不得站人，以防坠物危害。

图 1-10 模板工程清扫口的预留

施工人员上下作业层或者攀爬脚手架必须借由特定工具，绝不允许随意攀登，不允许在“细、长、窄”构件上或者未经固定的模板上行走，如因作业需求，必须搭设栈道或者佩戴安全绳。施工作业时模板和配件不得随意摆放，脚手架或者施工操作平台上临时堆放的模板不宜超过 3 层，以防集中荷载对架体造成不稳定影响。模板安装时，应该按照施工方案进行安装，本道工序模板未固定之前，不能进行下一道工序施工。周围要固定牢固，保证不位移不下沉，作业层在安装模板时，安装模板下方严禁站人，以防坠物伤害，模板安装好后，应该认真清理作业场地，把边角料、木屑集中装袋，运送到废料堆放场集中处理（图 1-10）。

拆除模板时，必须经由工地负责人批准，模板拆除前，应在施工作业区周边设置围挡或者醒目标志，拆模时应按照规定顺序进行，并且由专人指挥拆除、吊运、码放，及时清理，分类堆放，不准乱堆乱放，形成安全隐患。禁止拆模人员在上下同一垂直面上作业，防止发生人员坠落或者物体打击事故。模板拆除后，不能留有悬空模板，防止坠落伤人。

1.3.2 模板施工的质量控制

为了确保模板工程的工程质量，防患于未然，消除主体结构中模板工程的质量隐患，提高整体工程质量、建筑物感以及使用功能，所以对模板工程的质量通病和预防措施作简要的分析。

1. 现浇板板底平整度控制

现浇板平板模板搭设前，应由专人负责对平板进行设置，画出平板布置图及编号，保证板面的尺寸和轴线位置的准确，配板准确，尽量不用缝模进行调整，对于腐烂或者破旧的模板应予以替换。

搭设平板时模板及其支持均应该落在实处，不得有“虚脚”的现象出现，搭设完毕后，由搭设专人负责进行检查整改，当梁、板距离≥4m时，其模板应按跨度的1‰～3‰起拱（图1-11）。

浇捣混凝土时振动棒不能直接碰到板面，以免撞坏板面，浇捣时间应该符合规范，以防过振造成模板变形。

2. 剪力墙外墙接槎控制

剪力墙外墙错槎可以把外墙外侧板板面高度适当加张，做到加固时外侧板板面可以与下层外墙紧密贴合在一起，并且在与下层墙板交接的墙体根部，可以适当缩小螺栓间的间距，下层墙顶网上200mm处应该设置第一道预埋对拉螺栓和加固钢管，在下层剪力墙浇捣混凝土前预埋对拉螺栓浇捣混凝土后固定在墙体上，作为上层外墙模板的支设点，底部通过预埋的对拉螺栓增加一道水平拉结固定，可以有效地防治外墙接槎的质量问题（图1-12）。

图1-11　平板下部钢主楞搭设施工图

图1-12　剪力墙外墙支设点施工工艺

剪力墙外墙平整度差的处理方法，可以对外墙螺杆加设双螺栓加固，防止出现脱丝现象，引起模板胀模，浇捣混凝土时派专人实时进行看模，如发生异常应及时加固到位。

蜂窝麻面、漏浆严重的处理方法是，加强对施工作业人员的技术交底，模板工程作业完成后，对板的拼缝≥3mm时应该拿胶条对拼缝进行拼贴，在混凝土浇捣前应派人对模板进行浇水湿润，认真在模板上涂刷隔离剂，插振动棒时注意快插慢拔，看到混凝土内的气泡上泛为宜。

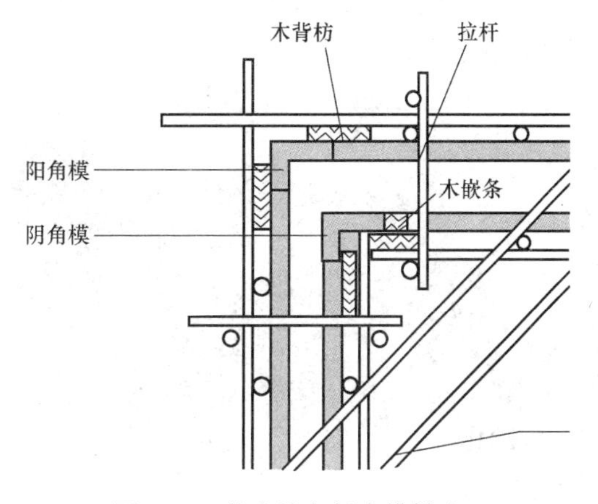

图1-13　剪力墙角部支模做法

3. 剪力墙阴阳角控制

剪力墙阴阳角漏浆，拼接时应该采用“企口式”做法，拼接处90°应该增加一个竖向方木，进行刚度补强，拼缝处应该粘贴海绵胶条防止漏浆，剪力墙两侧面板的最后一根背面方木伸出板面 15cm 宽，即模板厚度形成两个企口，使两侧面板包住封头板，做到拼缝严密，在封头板处用钢板和扣件做成抱箍加固（图 1-13）。

4. 柱身、梁身垂直度控制

支模前应先校柱筋，使柱筋不扭向，依照地面墨线挂线，线垂挂线时，相邻两片柱模从上端每面吊两点，使线垂坠地，线垂所示亮点到柱边线距离均匀相等时，柱模即不扭向，可进行加固（图 1-14）。

5. 梁上下口模板加固控制

在进行梁模板加固时，必须在梁侧板上下口设置销口楞，并且上部的销口楞与板底模钉死，进行两个方向的加固，这样就能杜绝上下口胀模和底模吃模的质量通病了（图 1-15）。

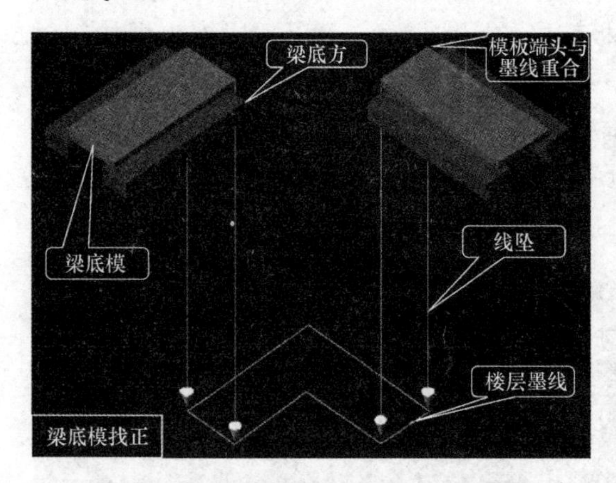

图 1-14　使用挂线垂方式对梁身、柱身纠偏

图 1-15　销口楞示意图

6. 后浇带模板加固控制

在设有后浇带的地方均应该采用双层网眼 5mm×5mm 的钢板网或者是快易收口网，并用扎丝绑于同向水平钢筋，再支设竖向附加短钢筋挡住钢板网向外胀开（图 1-16）。

7. 钢模板并接控制

为了防止漏浆，混凝土墙根部位必须抹平，平整度控制在 2mm 以内，钢模板支设前，模板四周应该粘贴海绵条，做到粘贴牢固，堵缝出的海绵条不得突出墙面，也不能让海绵条进入墙内（图 1-17）。

图 1-16　用快易收口网对后浇带进行阻隔

图 1-17　对混凝土外墙下口进行贴海绵条处理

8. 滑模混凝土裂缝防治

滑模提升速度过快，造成混凝土坍落度过大，混凝土坍落度过大，模板在滑升过程时，混凝土就会受重力作用造成离析，形成水平裂缝，所以在滑升过程中，各千斤顶应保持均匀同步爬升，最大高差不得超过 40mm，且每隔 0.5～1h 整体提升一次，但需要注意的是，模板的最大提升高度不能高过模板高度的 1/2。

9. 爬模施工操作平台变形防治

爬模施工操作平台分配梁两端为悬臂，在加压施工荷载时容易发生形变，导致爬模存在一定的安全隐患。在施工平台上应该合理放置工程材料，将施工材料堆放于顶平台边缘处或者是集中堆放在顶平台横梁之间，不可把材料置于施工操作平台边缘，增加两端悬臂的受力，同时应该定期检查施工操作平台斜撑，并且及时加固调整斜撑（图 1-18）。

10. 爬模混凝土漏浆防治

在爬模浇筑混凝土施工时，因为拉杆眼存在的空隙，或者爬模与上次浇筑的混凝土之间存在着空隙，从而导致浇筑混凝土时，混凝土浆从空隙中漏出，而使用爬模施工的工程结构主体都较高，一旦所漏的砂浆污染到下部已完成施工的混凝土表面上时将无法得到妥善的清理，影响工程外观质量。在混凝土浇筑之前，仔细检查所有拉杆眼和模板底口与混凝土之间是否有透光的间隙，如果有间隙必须填充与混凝土同强度等级的砂浆，补满间隙（图 1-19）。

图 1-18　爬模操作平台示意图

图 1-19　爬模与混凝土接口示意图

11. 铝模混凝土表观质量控制

因为铝合金模板是金属类模板，混凝土中的气泡不便排除，所以，在混凝土设计配合比的时候应该进行优化，减小坍落度，混凝土浇筑时，应该加强振捣，把气泡及时排除，特别是在浇捣楼梯混凝土的时候，每次浇捣时，必须打开楼梯踏步板上的透气孔，防止气泡排不出产生蜂窝麻面（图 1-20）。

图 1-20　铝合金楼梯定尺模板浇筑混凝土现场图

第2章　各种模板施工工艺图解

模板可根据形状、受力条件、材料等分类，其中根据功能及材料分类为：散装模板、大模板、钢木组合模板、塑料模板、爬升模板等，本节将重点介绍最常见的具有代表性的散装模板施工工艺、大模板施工工艺、爬升模板施工工艺。

2.1　散装模板施工工艺

2.1.1　作业条件

（1）根据工程特点，模板施工方案优化完成，各细部节点交底至施工班组。

（2）施工现场做好基础工作，放测轴线和模板边线，已定好水平控制标高。

（3）模板涂刷隔离剂，并分格堆放。

（4）墙、柱钢筋绑扎完毕，水电管及预埋件已安装，绑好钢筋保护层垫块，并办完隐蔽验收手续，如图2-1所示。

图2-1　散装模板作业条件示意图

2.1.2　材料及机具准备

（1）散装模板按表2-1的规格进行选用。

散装模板规格、类别参考　　表2-1

类别	名称	规格型号(mm)	备　注
面板	木胶合板	1220×2440×9、12、15、18(宽×长×厚)	涂刷隔离剂
	竹胶合板		
	素木胶合板		
龙骨	方木(主龙骨)	100×100	
	方木(次龙骨)	50×100	
背楞	钢管、型钢	计算确定	

（2）支撑系统：扣件式钢管支撑架、碗扣件、螺栓、顶托、卡具。

（3）隔离剂：水质隔离剂。

（4）机具：木工电锯、木工电刨、手电钻、水平尺、钢卷尺、拖线板、羊角锤、撬杠等。

2.1.3　散装模板施工工艺

1. 基础模板

（1）阶形基础模板

每一阶模板由 4 块侧板拼钉而成，其中两块侧板的尺寸与相应的台阶侧面尺寸相等，另两块侧板长度应比相应的台阶侧面长度大 150～200mm，高度与其相等，4 块侧板用木挡拼成方框。

上台阶模板的其中两块侧板的最下部一块拼板要加长，以便搁置在下层台阶模板上。

下层台阶模板的四周设置斜撑和水平撑支撑牢固。斜撑和平撑一端钉在侧板的木挡上，另一端顶紧在木桩上。上台阶模板的四周也要用斜撑和平撑支撑，斜撑和平撑的一端钉在上台阶侧板的木挡上，另一端可钉在下台阶侧板的木挡顶上（图 2-2）。

（2）条形基础模板

条形基础模板一般由侧板、平撑、斜撑等组成。侧板用长条木板加钉竖向木挡拼制，或由短条木板加钉横向木挡拼制而成。平撑和斜撑钉在木桩（或垫木）与木挡之间（图 2-3）。

图 2-2　阶形基础模板

图 2-3　条形基础模板

图 2-4　柱模板安装

2. 柱模板

（1）施工流程

测量定位→柱模组装→柱箍安装→安装拉杆或斜撑→校正垂直度→模板验收→浇筑混凝土→柱模拆除，如图 2-4 所示。

（2）注意事项

1）按标高抹好水泥砂浆找平层，按柱模边线做好定位墩台，以保证标高及柱轴线位置的准确。

2）安装就位预拼成的各片柱模。先将相邻的两片就位，就位后用钢丝与主筋绑扎临时固定；安装完两面模板后再安装另外两面模板。

3）安装拉杆或斜撑。柱模每边设两根拉杆，固定于楼板预埋钢筋环上，用经纬仪控制，用花篮螺栓校正柱模垂直度。拉杆与地面夹角宜为 45°，预埋钢筋环与柱距离宜为 3/4柱高。

4）将柱模内清理干净，封闭清扫口，办理柱模预检。

5）柱子模板拆除。先拆掉柱模拉杆（或支撑），再卸掉柱箍，将连接每片柱模的U形卡拆掉，然后用撬杠轻轻撬动模板，使模板与混凝土脱离（图 2-5）。

3. 梁、顶板模板

（1）施工流程

测量定位→竖向支撑→梁底模板→顶板模板→模板预验收→梁钢筋绑扎→梁钢筋验收→梁侧模→顶板模板验收→顶板钢筋→钢筋验收→浇筑混凝土，如图 2-6 所示。

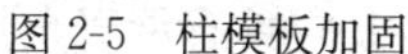

图 2-5　柱模板加固

图 2-6　梁、顶板模板安装

（2）控制要点

1）梁底模板：按设计标高调整支撑的标高，然后安装梁底模板，并拉线找平。当梁底板跨度≥4m 时，跨中梁底处应按设计要求起拱。如设计无要求时，起拱高度为梁跨度的 1/1000～3/1000，主次梁交叉时，先主梁起拱，后次梁起拱。

2）模板竖向支撑，应支在平整、坚实的地面上，底部加垫 50mm 厚木板；当支在软土地基上或分层夯实的回填土上，一般在其表面做 C20 混凝土地面，厚度不小于 10cm。支撑底部离地高 200mm 处，设置纵、横双向水平扫地杆；支撑之间根据楼层高度，在纵、横两个方向设水平撑杆（其间距不宜大于 1.8m）和交叉斜撑杆。支撑钢管接长时，要用对接接头。

3）当梁高超过 750mm 时，梁侧模板宜加穿梁螺栓加固。

4）模板安装应遵守边模包底模的原则，梁模与柱模的连接处下料尺寸一般应略为缩短 2～3mm。

5）顶板模板铺设拼缝严密，垂直于梁底部方向需加设短钢管用扣件连接至顶板支撑架立杆上，且在梁底部必须加独立立杆，间距同竖向支撑。

2.1.4　模板拆除

（1）基础侧模、柱、梁侧模在保证混凝土表面及棱角不因拆模而受损时方可拆除。

（2）拆模顺序应为先拆侧模、后拆底模，后支的先拆、先支的后拆，先拆除非承重部分、后拆除承重部分，当上、下楼层连续施工时，上层梁板正在浇筑混凝土时，一般情况下两层楼面梁、板的底模板和支撑不得拆除。

（3）模板拆除时混凝土强度应达到表 2-2 的规定。

模板拆除混凝土强度要求 **表 2-2**

结构名称	结构跨度(m)	达到标准强度百分率(%)
板	≤2	≥50
	>2,≤8	≥75
	>8	≥100
梁	>8	≥100
	≤8	≥75
悬挑板、梁	—	≥100

图 2-7 模板安装效果图

2.1.5 质量标准

模板安装效果如图 2-7 所示。

(1) 模板及其支架必须有足够的强度、刚度和稳定性，其支架的支承部分必须有足够的支承面积。如安装在基土上，基土必须坚实并有排水措施。

(2) 安装现浇结构的上层模板及支架时，下层楼板应具有承受上层荷载的承受能力，或加设支架；上、下层支架的立柱应对准，并铺设垫板。

(3) 在涂刷模板隔离剂时，不得沾污钢筋与混凝土接槎处。

(4) 模板的接缝不应漏浆；在浇筑混凝土前，木模板应浇水湿润，但模板内不应有积水。

(5) 模板与混凝土的接触面应清理干净并涂刷隔离剂，但不得采用影响结构性能或妨碍装饰工程施工的隔离剂。

(6) 浇筑混凝土前，模板内的杂物应清理干净。

(7) 顶板模板的支设还需要重点控制顶托的自由端高度、立杆下方的垫木、模板的拼缝等问题。

(8) 固定在模板上的预埋件、预留孔和顶留洞均不得遗漏，且应安装牢固，其偏差应符合表 2-3 的规定。

模板上的预埋件、预留孔和预留洞允许偏差 **表 2-3**

项　　目		允许偏差(mm)
预埋钢板中心线位置		3
预埋管、预留孔中心线位置		3
插　筋	中心线位置	5
	外露长度	+10,0
预埋螺栓	中心线位置	2
	外露长度	+10,0
预留洞	中心线位置	10
	尺寸	+10,0

注：检查中心线位置时，应沿纵、横两个方向量测，并取其中的最大值。

（9）现浇结构模板安装的偏差应符合表 2-4 的规定。

现浇结构模板安装的允许偏差　　表 2-4

项　　目		允许偏差(mm)	检验方法
轴线位置		5	钢尺检查
底模上表面标高		±5	水准仪或拉线、钢尺检查
截面内部尺寸	基础	±10	钢尺检查
	柱、墙、梁	±5	钢尺检查
层高垂直度	不大于 6m	8	经纬仪或吊线、钢尺检查
	大于 6m	10	经纬仪或吊线、钢尺检查
相邻两板表面高低差		2	钢尺检查
表面平整度		5	2m 靠尺和塞尺检查

注：检查中心线位置时，应沿纵、横两个方向量测，并取其中的最大值。

2.2 大模板施工工艺

2.2.1 作业条件

（1）大模板施工前，必须制定科学、合理的施工方案，并按程序经过审批。

（2）根据工程施工图及现场条件合理划分流水段，进行配板设计，绘制模板组装平面图，逐一编号，注明拆翻吊装顺序。

（3）备齐各种材料及附件，按照设计图进行加工，经检查验收后进行试安装。

（4）现场插模架的搭设完成，在塔吊有效使用半径范围内。

（5）弹好楼层墙身线、门窗洞位置线及标高线。检查墙体钢筋及各种预埋件，验收隐蔽工程。

（6）墙身线外侧测出模板底标高，用水泥砂浆沿墙身线外侧粉刷涂抹两条找平层。

（7）大模板的板面清净并涂刷隔离剂。

（8）浇筑混凝土前，必须对大模板的安装情况及安全情况进行检查、验收（图 2-8）。

2.2.2 材料及机具准备

（1）大模板由面板、钢骨架、角模、斜撑、操作平台挑架、对拉螺栓等配件组成（图 2-9）。

（2）钢制大模板主要材料规格尺寸见表 2-5。

主要材料规格尺寸　　表 2-5

大模板类型	面板	竖肋	背楞	斜撑	挑架	对拉螺栓
全钢大模板	≥5mm 钢板	[8	[10	[8、ϕ40	ϕ48×3.5	M30、T20×6

（3）面板采用厚度不小于 5mm 钢板，要求边角整齐、表面光滑、防水、耐磨、耐酸碱、易于脱模，不得有脱胶、空鼓。

图 2-8　大模板施工作业条件

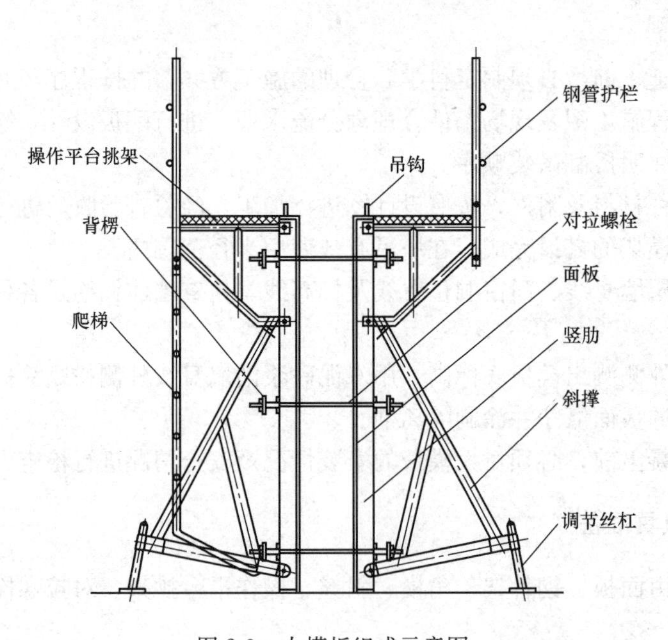

图 2-9　大模板组成示意图

(4) 模板骨架、支撑架、操作平台、上口卡具等采用的型钢材质为 Q235，所有的型钢加工前应做调直。

(5) 调整螺栓、穿墙螺栓采用 45 号优质碳素钢加工。穿墙螺栓套管采用硬塑料管，内径为 $\phi33$。

(6) 大模板钢吊环应采用 Q235A 材料制作并应具有足够的安全储备，严禁使用冷加工钢筋。焊接式钢吊环应合理选择焊条型号，焊缝长度和焊缝高度应符合设计要求；装配式吊环与大模板采用螺栓连接时必须采用双螺母。

(7) 隔离剂应根据交界面材质，选购合格产品，并按产品使用说明要求操作使用。

(8) 施工机具：塔式起重机、钢卷尺、水平尺、线坠、扳手、撬杠、锤子等(图 2-10)。

图 2-10　大模板拼装示意图

2.2.3　施工工艺

大模板预拼装→定位放线→安装模板的定位装置→安装门窗洞口模板→安装大模板→调整模板、紧固对拉螺栓→验收→分层对称浇筑混凝土→拆模清理。

(1) 在下层外墙混凝土强度不低于 7.5MPa 时，利用下一层外墙螺栓孔挂金属三角平台架。

(2) 安装内横墙、内纵墙模板，按照先横墙后纵墙的安装顺序，将一个流水段的正号模板用塔吊按顺序吊至安装位置初步就位，用撬棍按墙位线调整模板位置，对称调整模板的一对地脚螺栓或斜杆螺栓。用拖线板测垂直校正标高，使模板的垂直度、水平度、标高符合设计要求，立即拧紧螺栓。

(3) 在内墙模板的外端头安装活动堵头模板，它可以用木板或用钢板根据墙厚制作，模板要严密，防止浇筑内墙混凝土时，混凝土从外端头部流出。

(4) 先安装外墙内侧模板，按楼板上的位置线将大模板就位校正，然后安装门窗洞口模板。

(5) 合模前将钢筋、水电等预埋管件进行隐检。

图 2-11　大模板现场施工图

(6) 安装外墙外侧模板，模板放在金属三角平台架上，将模板就位，穿螺栓紧固校正，注意施工缝模板的连接处必须严密、牢固可靠，防止出现错台和漏浆现象(图 2-11)。

(7) 控制要点

1) 对轴线进行测设，在楼座的大角和流水段分段处设置轴线控制桩，然后拉通尺放出墙体其他控制线、大模板安装位置线、洞口位置线，外墙门窗洞口位置线应从外架上吊线，并将控制线引出，大模板控制线距墙体边线 300mm。

2) 对水平标高进行检查，根据标准水平桩引测至各楼层，每个楼层设两条水平线，一条离地面 500mm 高，供洞口模板和装修工程用；另一条距楼板下口 100mm，用以控制墙体找平层和楼板模板安装的高度；在墙体钢筋上标出水平线，以控制大模板安装的水平度，保证大模板安装上口水平。

2.2.4 大模板的堆放与拆除

1. 大模板的堆放

（1）大模板现场堆放区应在起重机的有效工作范围之内，堆放场地必须坚实、平整，不得堆放在松土、冻土或凹凸不平的场地上。

（2）大模板堆放时，有支撑架的大模板必须满足自稳角要求；当不能满足要求时，必须另外采取措施确保模板放置的稳定。没有支撑架的大模板应存放在专用的插放支架上，不得倚靠在其他物体上，防止模板下脚滑移倾倒。

（3）大模板在地面堆放时，应采取两块大模板板面对板面相对放置的方法，且应在模板中间留置不小于600mm的操作间距；当长时期堆放时，应将模板连接成整体（图2-12）。

图2-12　大模板存放

2. 大模板的拆除

（1）大模板拆除时的混凝土结构强度应达到设计要求；当设计无具体要求时，应能保证混凝土表面及棱角不受损坏。

（2）大模板的拆除顺序应遵循先支后拆、后支先拆的原则。

（3）拆除有支撑架的大模板时，应先拆除模板与混凝土结构之间的对拉螺栓及其他连接件，松动地脚螺栓，使模板后倾与墙体脱离开；拆除无固定支撑架的大模板时，应对模板采取临时固定措施。

（4）任何情况下，严禁操作人员站在模板上口采用晃动、撬动或用大锤砸模板的方法拆除模板。

（5）拆除的对拉螺栓、连接件及拆模用工具必须妥善保管和放置，不得随意散放在操作平台上，以免吊装时坠落伤人。

（6）起吊大模板前应先检查模板与混凝土结构之间所有对拉螺栓、连接件是否全部拆除，必须在确认模板和混凝土结构之间无任何连接后方可起吊大模板，移动模板时不得碰撞墙体。

（7）大模板及配件拆除后，应及时清理干净，对变形和损坏的部位应及时进行维修（图 2-13）。

2.2.5 质量标准

1. 主控项目

（1）安装现浇结构的上层模板及其支架时，下层楼板具有承受荷载的承载能力，或加设支架；上、下层支架的立柱应对准，并铺设垫板。

（2）涂刷模板隔离剂时，不得沾污钢筋和混凝土接槎处（图 2-14）。

图 2-13 大模板拆除清理维护

图 2-14 大模板施工质量效果图

2. 一般项目

（1）模板安装应满足下列要求：

1）模板的接缝不应漏浆。

2）模板与混凝土的接触面应清理干净并涂刷隔离剂，但不得采用影响结构性能或妨碍装饰工程施工的隔离剂。

3）浇筑混凝土前，模板内的杂物应清理干净；模板内不应有积水。

4）对清水混凝土工程及装饰混凝土工程，应使用能达到设计效果的模板。

（2）对跨度不小于 4m 的现浇钢筋混凝土梁、板，其模板应按设计要求起拱。当设计无具体要求时，起拱高度宜为跨度的 1/1000～3/1000。

3. 允许偏差及检验方法

现浇结构大模板支模允许偏差及检验方法见表 2-6。

现浇结构大模板支模允许偏差及检验方法 表 2-6

项　目	允许偏差(mm)	检 验 方 法
轴线位置	5	用尺量检查
截面内部尺寸	±2	用尺量检查
相邻模板板面高低差	2	用直尺和尺量检查
平直度	5	上口通长拉直线用尺量检查， 下口按模板就位线为基准检查
平整度	3	用 2m 靠尺检查
预埋钢板中心线位置	3	拉直线和尺量检查

续表

项目		允许偏差(mm)	检验方法
预埋螺栓	中心线位置	10	拉直线和尺量检查
	外露位置	+10,0	用尺量检查
预留洞	中心线位置	10	拉直线和尺量检查
	截面内部尺寸	+10,0	用尺量检查
电梯井	井筒长、宽对定位中心线	+25,0	拉直线和尺量检查
	井筒全高垂直度	H/1000 且≤30	吊线和尺量检查

2.3 爬升模板施工工艺

2.3.1 作业条件

(1) 爬模施工设计优化完成，专项施工方案审批完成。

(2) 起始层楼地面抄平。

(3) 投放结构轴线、截面边线、模板定位线、提升架中心线、门窗洞口线等。

(4) 绑扎一个楼层的墙体钢筋，安装门窗洞口模板，预留洞盒子及水电预埋管线。

(5) 组织模板、构件配套材料进场、验收、清理，模板涂刷隔离剂。

(6) 垂直运输机械安装、就位（图 2-15）。

图 2-15 爬模施工作业条件

2.3.2 材料及机具准备

(1) 模板优先选用组合大钢模板、组合钢木模板或大模板，模板高度按标准层层高确定，外墙及电梯井模板下部加长 300mm。

(2) 在进行角模与调节缝设计时，应考虑到平模板脱模后退的要求。

(3) 异型模板、弧形模板、调节模板、角模等应根据结构截面形状和施工要求设计制作。

(4) 模板上必须配有脱模器和穿墙螺栓孔。

(5) 模板主要材料见表 2-7。

模板主要材料 **表 2-7**

模板部位	模板品种		
	组合大钢模板	组合钢木模板	全钢大模板
面板	≥5mm 钢板	15mm 胶合板	≥5mm 钢板
边框	≥5mm 厚 60～80mm 宽钢板	特制 95mm 边框料	6～8mm 厚钢板
加强肋	3～4mm 钢板弯折	轻型槽钢	5～6mm 厚钢板
竖肋		80mm×40mm×2.5mm 钢管	⊏8 槽钢
背楞	⊏12Q 轻型槽钢	⊏12Q 轻型槽钢	⊏10 槽钢

（6）背楞

1）背楞长度符合模数化要求，具有通用性、互换性和足够的刚度。

2）背楞材料宜采用⊏10 槽钢、⊏12Q 轻型槽钢、4mm 厚钢板折弯成型的 120mm 宽槽形钢。槽钢相背组合而成，腹板间距宜为 40～50mm。

3）背楞孔设在槽钢翼缘上，双面双排等距布置，以满足模板和提升架通用连接。

（7）提升机应能满足液压爬模施工的特点，具有足够的刚度，并符合下列规定：

1）提升架立柱能带动模板后退 400～500mm，用于清理和涂刷隔离剂。

2）当立柱固定时，活动支腿能带动模板脱开混凝土 50～80mm，满足提升的空隙要求。

3）立柱带动模板后退时，上下操作平台及吊架保持不动。

4）当结构混凝土中有钢结构时，提升架宜设计成“开”形架，横梁能开闭，同钢结构垂直相交。

5）提升架的高度应包括模板高度、操作层高度，“开”形架时，应包括上下横梁间距等。

6）根据工程特点和需要，横梁可通长连成整体，以提高爬模装置的整体性。

（8）千斤顶和支承杆的规格应根据计算确定，并符合下列规定：

1）提升架立柱能带动模板后退 400～500mm，用于清理和涂刷隔离剂。

2）当立柱固定时，活动支腿能带动模板脱开混凝土 50～80mm，满足提升的空隙要求。

3）立柱带动模板后退时，上下操作平台及吊架保持不动。

4）当结构混凝土中有钢结构时，提升架宜设计成“开”形架，横梁能开闭，同钢结构垂直相交。

5）提升架的高度应包括模板高度、操作层高度，“开”形架时，应包括上下横梁间距等。

6）根据工程特点和需要，横梁可通长连成整体，以提高爬模装置的整体性（图 2-16）。

图 2-16　爬模施工现场示意图

（9）主要机具见表 2-8。

主要机具　　　　**表 2-8**

项次	名　称	规　格	数　量
1	千斤顶	60kN(20kN)	按工作荷载计算确定
2	液压控制台	排油量 72L/min	1 台
3	布料机	R=25m(21m,17m)	1 台
4	混凝土输送泵		1～2 台
5	塔吊		1～2 台
6	外用电梯		1～2 台
7	激光经纬仪		1 台
8	激光扫描仪		1 台
9	低噪声环保型振动器		若干台

2.3.3 施工工艺

（1）爬模装置安装工艺流程如图 2-17 所示。

（2）爬模施工工艺流程如图 2-18 所示。

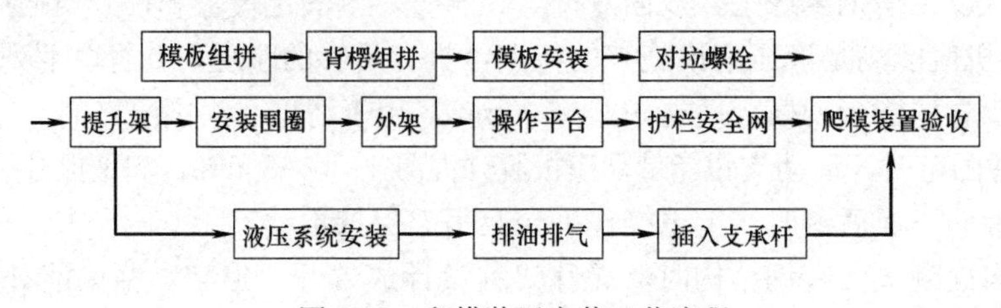

图 2-17　爬模装置安装工艺流程

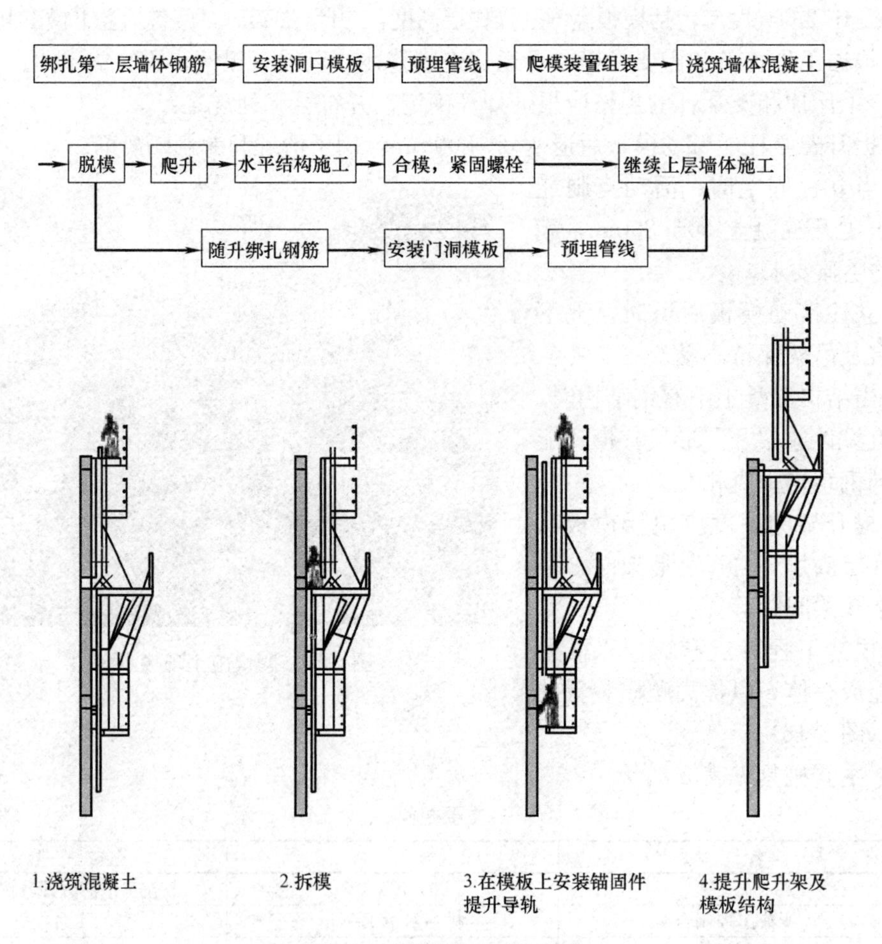

图 2-18　爬模施工工艺流程

（3）爬模装置安装

1）安装模板：先按组装图将平模板、带有脱模器的打孔模板和钢背楞组拼成块，整体吊装，按支模工艺做法，支一段模板即用穿墙螺栓紧固一段。平模支完后，支阴阳角模，阴角模与平模之间设调节缝板。

2）安装提升架：先在地面组装，待模板支完后，用塔吊吊起提升架，插入已支的模板背面，提升架活动支腿同模板背楞连接，并用可调丝杠调节模板截面尺寸和垂直度。

3）安装围圈：围圈由上下弦槽钢、斜撑、立撑等组成装配式桁架，安装在提升架外侧，将提升架连成整体。围圈在对接和角接部位的连接件进行现场焊接。

4）安装外架柱梁：在提升架立柱外侧安装外挑梁及外架立柱，形成挑平台和吊平台，外挑梁在滑道夹板中留一定间隙，使提升架立柱有活动余地。在外墙及电梯井角壁底部的外挑两靠墙一端安装滑轮，作为纠偏措施。

（4）安装操作平台

1）铺平台板。

2）外架立柱外侧全高设吊平台护栏。

3）外架立柱上端，设上操作平台护栏，高 2m。

4）平台及吊平台护栏下端均设踢脚板。

5）从平台护栏上端到吊平台护栏下端，满挂安全网，并折转包住吊平台，以确保施工安全。

（5）安装液压系统如图 2-19 所示。

图 2-19　爬模组装完成立面

1）根据工程具体情况，每榀提升架上安装 1～2 台千斤顶。必要时在千斤顶底部与提升架横梁之间安装升降调节器。千斤顶上部必须设限位器，并在支承杆上设限位卡。每个千斤顶安装一只针形阀。

2）主油管宜安装成环形油路，采用 $\phi19$ 主油管，每个环形油路设有若干 $\phi16$ 分油管和分油器，从分油器到千斤顶的油管为 $\phi8$，每个分油器接通 5～8 个千斤顶。

3）液压控制台安装在中部电梯井筒内。

4）在进行液压系统排油排气和加压试验后，插入支承杆。结构体内埋入支承杆用短钢筋同墙立筋加固焊接，每 600mm 一道。结构体外工具式支承杆用脚手架钢管和扣件连接加固。

5）安装激光靶，进行平台偏差控制观测。采用激光安平仪控制平台水平度。

（6）钢筋绑扎

1）第一层墙体钢筋必须在爬模装置安装前绑扎。

2）从第二层开始，钢筋随升随绑。

（7）安装门窗洞口模板，预埋水电管线、埋件。

1）第一层在爬模装置安装前埋设。

2）第二层开始，随升随埋设。

（8）混凝土浇筑

1）必须分层浇筑、分层振捣，每个浇筑层高度不超过300mm，一层交圈完再继续上层浇筑。严禁从爬模的一端浇筑满后向另一端斜向浇筑。

2）混凝土浇筑宜采用布料机。

2.3.4 模板拆除及其他要求

1. 脱模

（1）当混凝土强度能保证其表面及棱角不因拆除而受损坏后，方可开始脱模，一般在混凝土强度达到1.2MPa后进行。

（2）脱模前先取出对拉螺栓，松开调节缝板同大模板之间的连接螺栓。

（3）大模板采取分段整体进行脱模，首先用脱模器伸缩丝杆顶住混凝土脱模，然后用活动支腿伸缩丝杆使模板后退，脱开混凝土50～80mm。

（4）角模脱模后同大模板相连，一起爬升（图2-20）。

图2-20　爬模施工质量效果图

2. 水平结构施工

（1）模板下口爬升到达上层楼面标高后，支楼板底模板或铺设压型钢板，绑扎楼板钢筋，浇筑楼板混凝土。

（2）当采取连续爬模，滞后进行楼板施工方法时，应得到结构设计单位的认可，并经计算确定滞后施工层数。

3. 合模紧固

模板爬升到位后，用活动支腿丝杠推送到位进行合模。穿入对拉螺栓紧固，爬模继续循序轮回施工。

4. 控制要点

（1）严格控制支承杆标高、限位卡底部标高、千斤顶顶面标高，要使它们保持在同一水平面上，需做到同步爬升。每隔500mm调平一次。

（2）操作平台上的荷载包括设备、材料及人流，应保持均匀分布。

（3）保持支承杆的清洁，确保千斤顶正常工作，定期对千斤顶进行强制更换保养。

（4）在模板爬升过程中及时进行支承杆加固工作。

（5）纠偏前应进行认真分析偏移或旋转的原因，采取相应措施，纠偏过程中，要注意观测平台激光靶的偏差变化情况，纠偏应徐缓进行，不能矫枉过正。

(6) 在偏差反方向提升架立柱下部用调节丝杆将滑轮顶紧墙面。

(7) 必要时采用3/8钢丝绳和5t手动捯链，向偏差反方向拉紧。

2.3.5 质量标准

(1) 主控项目

模板及其爬模装置必须有足够的强度、刚度和稳定性，液压提升系统必须有足够的承载能力和起重能力。

检查数量：全数检查。

检验方法：查看设计文件。

(2) 模板截面调节、后退脱模和垂直度调整有灵活可靠的装置。

检查数量：全数检查。

检验方法：观察。

(3) 一般项目

1) 爬模装置组装允许偏差应符合表2-9的规定。

爬模装置组装允许偏差 **表2-9**

项目		允许偏差(mm)	检验方法
模板结构轴线与相应结构轴线位置		3	吊线及尺量检查
组拼成大模板的边长偏差		+3，-2	钢尺
组拼成大模板的对角线偏差		5	钢尺
模板平整度		3	2m靠尺及塞尺检查
模板垂直度		3	吊线及尺量检查
背楞位置偏差	水平方向	3	拉线及尺量检查
	垂直方向	3	拉线及尺量检查
提升架垂直偏差	平面内	3	吊线及尺量检查
	平面外	3	吊线及尺量检查
提升架横梁相对标高差		5	水平仪检查
千斤顶位置安装偏差	提升架平面内	5	吊线及尺量检查
	提升架平面外	5	吊线及尺量检查
支承杆垂直偏差		3	2m靠尺检查

检验方法：首次核查后全数检查，使用中应定期核查，并根据具体情况不定期核查。

2) 爬升模板安装质量应符合下列要求：

① 模板安装后应保证整体的稳定性，确保施工中模板不变形、不错位、不胀模。

② 模板的拼缝要平整，堵缝措施要整齐牢固，不得漏浆。

③ 模板与混凝土的接触面应清理干净，隔离剂涂刷均匀。

④ 提升架、外挂架安装牢固，提升架立柱与外挑梁之间留有间隙。

⑤ 提升架立柱滑轮、活动支腿丝杠、纠偏滑轮等部位转动灵活。

检查数量：全数检查。

检验方法：观察。

3）爬模施工工程混凝土结构允许偏差应符合表 2-10 的规定。

爬模施工工程混凝土结构允许偏差 **表 2-10**

项目			允许偏差(mm)
墙体轴线偏差			5
垂直度	层高	≤5m	5
		>5m	8
	全高		$H/1000$ 且≤30
平整度			5
标高	层高		±10
	全高		±30

第3章　梁、板、柱、墙模板验收要点

众所周知，房屋建筑、水利等建筑工地普遍使用木（竹）模板，除了桥梁、高层建筑等大型工程尚在使用钢模板（成本高）。近年来又逐渐出现了塑料模板，如：硬质增强塑料模板、木塑复合模板、GMT 塑料模板等，用新科技代替传统工艺，减少了木材用量。目前只有少部分施工企业使用塑料模板，相信不久会广泛地应用于建筑行业。模板的类型包括：木模、滑模、爬模、飞模等，本章我们就目前建筑业内使用最为广泛的木模板作为对象进行详细讲解。

模板验收是模板分部工程质量控制的最后一道关，这直接关系到混凝土的成型质量，要做好混凝土构件的质量预控，就要确保模板验收顺利通过。

模板工程质量检查与检验要点应包括模板的设计、制作、安装和拆除。模板工程施工前应编制施工方案，并应经过审批或论证。施工过程重点检查：施工方案是否可行及落实情况；模板的强度、刚度、稳定性、支撑面积、平整度、几何尺寸、拼缝、隔离剂涂刷、平面位置及垂直度、梁底模起拱、预埋件及预留孔洞、施工缝及后浇带处的模板支撑安装等是否符合设计和规范要求；严格控制拆模时混凝土的强度和拆模顺序。

根据《混凝土结构工程施工质量验收规范》GB 50204—2015 中模板分项工程的规定，必须做好以下三方面工作：

（1）模板专项施工方案验收；

（2）模板工程的过程控制；

（3）模板分项工程验收。

3.1　模板专项施工方案的验收

根据住建部建质【2009】254 号文件《建设工程高大模板支撑系统施工安全监督管理导则》的要求和多项国家标准的规定，编制、审查并认真实施专项施工方案是施工企业控制模板施工质量、安全的基本措施之一。

《建筑工程安全生产管理条例》第二十六条规定："施工单位应当在施工组织设计中编制安全技术措施和施工现场临时用电方案，对达到一定规模的危险性较大的分部分项工程编制专项施工方案，并附具安全验算结果，经施工单位技术负责人、总监理工程师签字后实施，由专职安全生产管理人员进行现场监督。"

3.1.1　施工单位应检查模板专项方案是否有针对性、内容是否齐全

（1）检查模板专项方案是否有针对性

模板及其支架应根据工程结构形式、荷载大小、地基土类别、施工设备和材料供应等条件进行设计；模板和支架虽然是施工过程中的临时性结构，但由于其在施工过程中可能

遇到各种不同的荷载及其组合，有些荷载还具有不确定性，故其设计既要符合建筑结构设计的基本要求，考虑结构形式、荷载大小等，又要结合施工过程的安装、使用和拆除等各工序进行设计，以保证其安全、实用、可靠。

(2) 检查方案内容是否齐全

模板工程的专项施工方案内容主要包括：模板及支架的类型、材料要求、计算书和施工图、模板及支架安装和拆除的相关技术措施、施工安全和应急措施预案、文明施工、环境保护等。

3.1.2 审核模板方案是否经济、适用

在实际施工中，应当根据构件的不同形式选用不同的模板支架体系，模板及其支架应具有足够的承载能力、刚度和稳定性，能可靠地承受浇筑混凝土的重量、侧压力以及施工荷载。根据工期、施工工艺要求对方案进行技术、经济、适用性比选，以期达到费用最经济。

3.1.3 检查模板方案是否严格按照程序审核

检查专项模板方案是否按照规定程序进行审核，现场模板必须严格按照审核过的方案施工。

建质【2009】87号文件《危险性较大的分部分项工程安全管理办法》规定："施工单位应当在危险性较大的分部分项工程施工前编制专项施工方案；对于超过一定规模的危险性较大的分部分项工程，施工单位应当组织专家对专项方案进行论证"。

模板专项施工方案应当由施工单位技术部门组织本单位施工技术、安全、质量等部门的专业技术人员进行审核。经审核合格的，由施工单位技术负责人签字。实行总承包的，专项施工方案应当由总承包单位技术负责人及相关专业承包单位技术负责人签字。

不需要专家论证的专项方案，经施工单位审核合格后报监理单位，由项目总监理工程师审核签字。

需要专家论证的，应由施工单位组织召开专家论证会。实行施工总承包的，由施工总承包单位组织召开专家论证会，并根据专家意见完善专项方案。

模板工程施工前，应向监理工程师提交配模设计方案，经审核后方可施工，模板及其支架必须具有足够的强度、刚度和稳定性。

3.1.4 审核方案计算书关键参数是否符合规范要求

模板及其支架计算书包含工程属性、荷载设计、模板体系设计、面板验算（强度验算、挠度验算、支座反力的计算）、代表性的大小梁验算（抗弯、抗剪、挠度验算、支座反力的计算）、可调托座验算（扣件抗滑移验算、最大受力验算）、代表性立柱的验算（长细比验算、风荷载计算、稳定性计算）、立柱地基基础计算等。

模板及支架体系的各项技术参数均应符合要求，设计计算时宜采用以分项系数表达的极限状态设计方法；所采用的计算假定和分析模型，应有理论或试验依据。其选用的基本原则：在经济、合理的条件下，参数保险系数就高不就低。

3.2 模板工程的过程控制

模板工程的过程控制是施工单位在模板安装、拆除施工中的重要环节，是确保工程质量、安全的重要保障，因此，严把模板工程过程管理，严格样板引路制度就显得格外重要。

3.2.1 按照方案选购的原材验收

《混凝土结构工程施工质量验收规范》GB 50204—2015 第 4.2.1 条规定“模板及支架材料的技术指标应符合国家现行有关标准的规定。”模板及支架验收必须符合专项方案的要求。对模板及支架材料的具体要求如下：

（1）本工程钢筋混凝土结构工程施工采用木模。要求木材材质等级不低于Ⅲ级，并符合《混凝土模板用胶合板》GB/T 17656—2008 的有关规定，所有模板及其支撑架设计应符合《木结构设计规范》GB 50005—2003 的要求。

（2）采用的模板厚度面层无破损和断裂现象，本工程采用木模，每层模板使用前均应刷隔离剂，以延长模板使用周期，确保混凝土表面光洁。

（3）采用的木枋（格栅）必须无朽烂和霉变，棱角方正，截面尺寸满足设计要求，无严重翘曲现象。本工程木枋截面尺寸 50mm×80mm，作为模板的背楞，要求刨面，刨直，保证木枋高度一致，受力均匀。

（4）木枋（格栅）等的含水率必须小于 15%，模板、木方（格栅）等存放保管时必须间隔通风，上面做到防雨覆盖。

（5）进场的模板、木枋（格栅）必须经过验收，质量符合要求的才可使用。

（6）支撑钢管要求按国家标准《直缝电焊钢管》GB/T 13793—2016 或《低压流体输送用焊接钢管》GB/T 3091—2015 中规定的 3 号普通钢管，其质量应符合国家标准《碳素结构钢》GB/T 700—2006 中 Q235-A 级钢的规定。

（7）采用的钢管不得有严重锈蚀和损伤以及孔洞，并严禁使用有弯折痕和翘曲严重的钢管；钢管必须有良好的防腐处理。

（8）支撑架采用的必须是可锻铸铁制作的扣件，其材质必须符合国家标准规定。

（9）支撑架采用的扣件，在螺栓拧紧扭力矩达 65N·m 时，不得发生破坏，受力钢管下要多加一个扣件，即双扣件进行受力，防止滑脱。

（10）使用的 $\phi 48$ 支撑钢管架的钢管和扣件进场时必须进行逐根逐个验收，符合要求后才可使用。

（11）对进场的钢管和扣件必须进行抽样检测，如达不到要求时，必须对原设计进行复核调整。

（12）立杆接长扣件，不能全部处于同一位置水平连接，同一水平位置立杆连接不得大于 50%。

目前常用的模板和支架材料种类繁多，其规格、尺寸、材质和力学性能等各异，因此原材料的进场检验就显得十分必要。通常情况下主要检验方法是：核查质量证明文件。另外还要对进场材料把好验收关，做好材料的检测复试工作，从源头上确保材料质量，从而确保工程质量。因此，现场模板、支架杆件和连接件等模架材料必须按照《建筑施工扣件式钢管脚手架安全技术规范》（JGJ 130—2011）要求验收合格，及时填写《模板支撑系统架体材料进场构配件质量检查表》（图 3-1），并经施工、监理、建设单位各方签字认可（图 3-1～图 3-9）。

图 3-1　进场模板验收

图 3-2　方木进场验收

图 3-3　进场钢管验收

产品出厂合格证

碗扣式脚手架建筑支撑：按国家建筑工程建筑设计标准精心制作，焊接强度高，无裂缝。本产品经检验，符合国家标准准予出厂。

厂检验员：吕跃

检查批量：第十批

出厂日期：2014-07-17

执行标准：GB 24911-2010

图 3-4　钢管合格证

图 3-5　进场扣件验收

图 3-6　钢管扣件

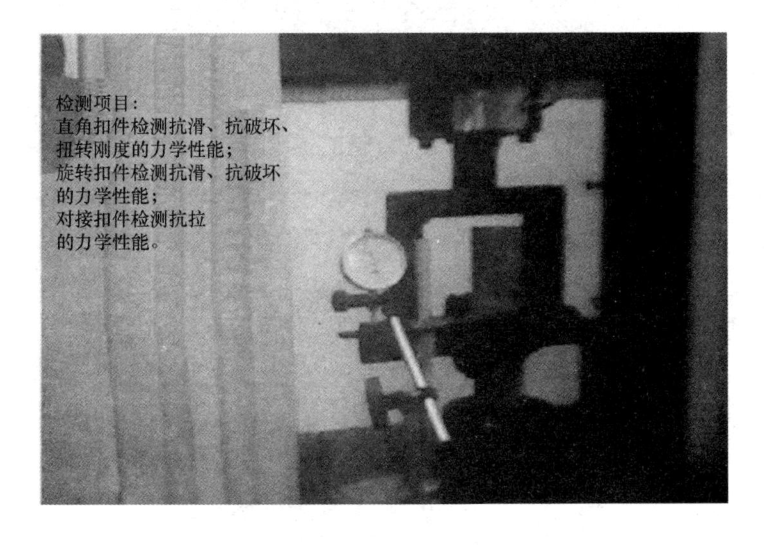

图 3-7　钢管扣件检测

河北省建筑扣件产品质量监督检验站

检 验 报 告

Test Report

冀检(扣件)字(2013)第4100057号 共2页，第2页

检验项目	技术要求	实测结果	单项判定
外观质量	铸件不应有裂纹、气孔、夹渣、缩松等缺陷，并将粘砂、披缝、毛刺、氧化皮等清除干净	符合要求 符合要求	合格
下碗扣轴向抗剪强度	120kN，持荷2min，应无开裂、错位、剥落	符合要求 符合要求	合格
上碗扣抗拉强度	加载30kN，持荷2min，应无开裂	无开裂 无开裂	合格
	变形量 <1.0mm	0.9 0.8	合格
横杆接头抗弯强度	加载10kN，持荷2min，应无开裂、错位、剥落	符合要求 符合要求	合格
	以下空白		

打印日期：2013 年 03 月 14 日

河北省建筑扣件产品质量监督检验站

检 验 报 告

Test Report

冀检(扣件)字(2013)第4100057号 共2页，第1页

<table>
<tr><td>产品名称 Sample</td><td colspan="3">碗扣型脚手架构件</td><td>检验类别 Test Kind</td><td>委托检验</td></tr>
<tr><td>规格型号 Model Type</td><td colspan="3">WDJ</td><td>等级 Grade</td><td>合格品</td></tr>
<tr><td>委托单位 Bailor</td><td colspan="3">任丘市质量技术监督局</td><td>商标 Brand</td><td>===</td></tr>
<tr><td>生产单位 Manufacturer</td><td colspan="3">河北鑫良建筑器材制造有限公司</td><td>送检人</td><td>====</td></tr>
<tr><td>受检单位 Client</td><td colspan="3">河北鑫良建筑器材制造有限公司</td><td>抽(送)样人 Client Representative</td><td>====</td></tr>
<tr><td>受检单位地址 Client Addr</td><td colspan="3">任丘市吕公堡毕村工业区</td><td>委托人</td><td>崔书</td></tr>
<tr><td>抽样地点 Sampling Location</td><td colspan="3">====</td><td>抽样日期 Sampling Date</td><td>2013-01-1</td></tr>
<tr><td>检验地点 Test Location</td><td colspan="3">本站</td><td>到样日期 Sampling Date</td><td>2013-01-16</td></tr>
<tr><td rowspan="2">抽样数量 Sample Quantity</td><td>检验样品 Test Sample</td><td>2套</td><td>抽样基数 Sample Batch</td><td rowspan="2">批号或生产日期 Primary Number or Producing Date</td><td rowspan="2">201304</td></tr>
<tr><td>备用样品 Spare Sample</td><td>===</td><td>===</td></tr>
<tr><td>样品状况 Sample Description</td><td colspan="2">完好</td><td>抽样说明 Sample Node</td><td colspan="2">===</td></tr>
<tr><td>检验依据 Test Standard</td><td colspan="5">TB/T2292-1991 碗扣型多功能脚手架构件</td></tr>
<tr><td>检验结论 Test Conclusion</td><td colspan="5">该样品按TB/T2292-1991 标准检验，所检项目合格。
（检验报告专用章）
签发日期：2013 年 03 月 14 日</td></tr>
<tr><td>备注 Note</td><td colspan="5">检验项目：外观质量、下碗扣轴向抗剪强度、上碗扣抗拉强度、横杆接头抗弯强度4项。</td></tr>
</table>

批 准：Approval 审 核：Verifier 主 检：Main inspect

图 3-8 钢管扣件出厂检验报告

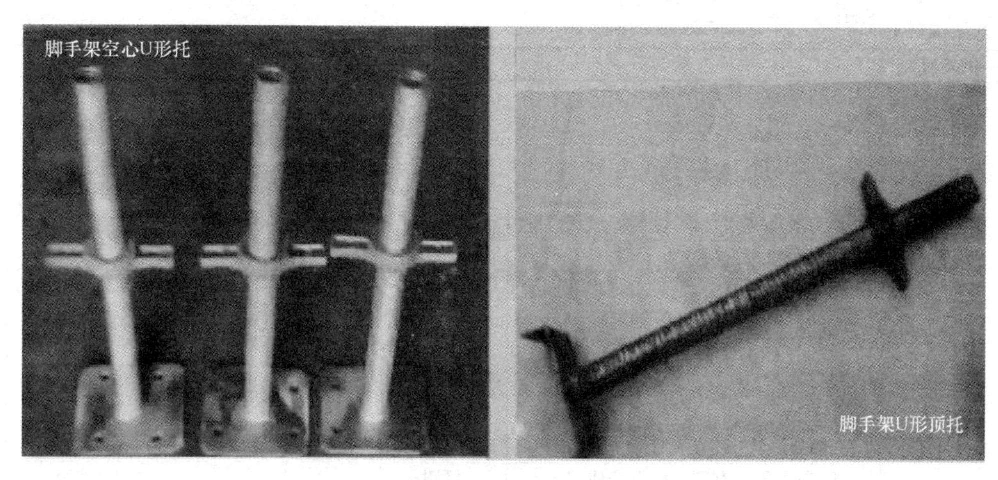

图 3-9　脚手架 U 形托

模板等材料出厂应有合格证，木质胶板最小厚度 16mm，模板周转材料进场须严格按照有关规定检查验收，不合格材料严禁使用。《建筑施工扣件式钢管脚手架安全技术规范》（JGJ 130—2011）规定：扣件螺栓拧紧扭力矩 40N·m，且不应大于 65N·m；扣件在螺栓拧紧扭力矩达到 65N·m 时不得破坏。

模板支撑系统架体材料进场构配件质量检查表　　　　**表 3-1**

编号

<table>
<tr><td>工程名称</td><td></td><td>验收日期</td><td colspan="10"></td></tr>
<tr><td>施工单位</td><td></td><td>项目经理</td><td colspan="10"></td></tr>
<tr><td>施工执行标准名称及编号</td><td colspan="12">《建筑施工扣件式钢管脚手架安全技术规范》(JGJ 130—2011)</td></tr>
<tr><td>一般项目</td><td>检查要求</td><td>检查方法</td><td colspan="10">检查结果</td></tr>
<tr><td rowspan="3">钢管</td><td>应有产品质量合格证、质量检验报告</td><td>检查资料</td><td colspan="5">进场数量</td><td colspan="5"></td></tr>
<tr><td rowspan="2">钢管表面应平直光滑，不应有裂纹、结疤、分层、错位、硬弯、毛刺、压痕、深的滑道及严重锈蚀等缺陷，严禁打孔；钢管使用前必须涂刷防锈漆</td><td rowspan="2">目测</td><td>1</td><td>2</td><td>3</td><td>4</td><td>5</td><td>6</td><td>7</td><td>8</td><td>9</td><td>10</td></tr>
<tr><td></td><td></td><td></td><td></td><td></td><td></td><td></td><td></td><td></td><td></td></tr>
<tr><td rowspan="2">钢管外径及壁厚</td><td rowspan="2">外径 48.3mm，允许偏差±0.5mm；壁厚 36mm，允许偏差±0.36；最小壁厚 3.24mm</td><td rowspan="2">游标卡尺
目测</td><td>1</td><td>2</td><td>3</td><td>4</td><td>5</td><td>6</td><td>7</td><td>8</td><td>9</td><td>10</td></tr>
<tr><td></td><td></td><td></td><td></td><td></td><td></td><td></td><td></td><td></td><td></td></tr>
<tr><td rowspan="3">扣件</td><td>应有生产许可证、质量检测报告、产品质量合格证、复试报告</td><td>检查资料</td><td colspan="5">进场数量</td><td colspan="5"></td></tr>
<tr><td>进场扣件数量少于 1 万件时，直角扣件、旋转扣件和对接扣件各抽取 10 件进行检查，当扣件数量超过 1 万件时，三种类型扣件各抽取 20 件进行检查；直角扣件 1.1kg，旋转扣件 1.15kg，对接扣件 1.25kg</td><td>抽检数量</td><td colspan="10"></td></tr>
<tr><td>不允许有裂纹、变形、螺栓滑丝；扣件与钢管接触部位不应有氧化皮；活动部位应能灵活转动，旋转扣件两旋转面间隙应小于 1mm；扣件表面应进行防锈处理</td><td>目测</td><td colspan="10"></td></tr>
</table>

续表

一般项目	检查要求	检查方法	检查结果									
扣件螺栓拧紧扭力矩	扣件螺栓拧紧扭力矩值不应小于40N·m，且不应大于65N·m	扭力扳手	1	2	3	4	5	6	7	8	9	10
可调托撑	可调托撑抗压承载力设计值不应小于40kN； 应有产品质量合格证、质量检验报告	检查资料	进场数量									
	抽检数量按进场数量3%进行抽检	抽检数量										
	可调托撑螺杆外径不得小于36mm，可调托撑螺杆与螺母旋合长度不得少于5扣，螺母厚度不小于30mm。插入立杆内的长度不得小于150mm。支托板厚不小于5mm，变形不小于1mm。螺杆与支托板焊接要牢固，焊缝高度不小于6mm	游标卡尺、钢板尺测量	1	2	3	4	5	6	7	8	9	10
	支托板、螺母有裂纹的严禁使用	目测										
验收结论												

施工单位验收意见：
专职安全员：　　　年　月　日　　项目经理或项目技术负责人：　　　年　月　日

监理单位验收意见：
专业监理工程师签字：　　　总监理工程师：　　　年　月　日

建设单位验收意见：　　　项目负责人：　　　年　月　日

3.2.2 做好技术交底

作为施工前的技术准备，技术交底内容、交底人、接受交底人签字手续必须齐全、交底细致。交底内容应当包括：

（1）工程对象、模板工程量和工作任务完成的时间要求。

（2）模板拼装、支撑系统布置、节点处理、预埋件、预留空洞和插筋的处理方案。

（3）施工方法、操作顺序和流水段的划分。

（4）模板安装的质量要求和安全防护措施。

（5）模板拆除技术交底：

1）拆模申请：拆模前须有拆模申请，同条件养护试块强度达到规范要求方可拆除。

2）拆模的顺序和方法：应按照模板支撑计算书的规定进行，拆除的模板必须随拆随清理，不能采用猛敲，以致用大面积塌落的方法拆除，模板及支撑不得随意向地面抛掷，应向下运送传递。

（6）材料码放区应放置灭火器。

3.2.3 现场的过程控制

严格按照审核过的模板方案进行搭设是做好过程控制的前提，现场的过程控制主要是施工单位的自检、互检、专检等，是保证模板及支架施工质量的基础。忽视过程管理，会导致最后验收不通过而误工误时，加大成本。搭设支架的人员，必须是经过专业技术培训及专业考试合格的专业架子工，上岗人员应定期体检，合格后方可持证上岗，严禁无证操作。

模板安装工程施工要点：按配板设计循序拼装，以保证模板系统的整体稳定；配件必须装插牢固，支柱下的支撑面应平整垫实，要求足够的受压面积；预埋件与预留孔洞必须位置准确，安设牢固；支柱所设的水平支撑和剪刀撑，应按构造和整体稳定性布置；多层支设的支柱，上下应设置在同一竖向中心线上；立杆间距不得大于 1m，纵横方向水平拉杆间距不宜大于 1.5m；梁底杆间距不得大于 600mm；梁底模板应拉线找平梁底板应起拱，当梁跨度不小于 4m 时，起拱高度宜为 1/1000～3/1000，主次梁交接时，先主梁起，后次梁起。

现场的过程控制必须采取样板引路制度，在样板验收合格的前提下，再大面积施工，确保施工质量。具体过程控制如下：

1. 做好模板支架地面平整、放线及支架搭设工作

现场模板支架必须严格按照模板方案进行搭设，模板支架搭设前要对资料进行检查：检查架子工是否持证上岗；是否经过岗前培训交底、三级安全教育；模板及其支架材质复试报告是否合格。

模板支架地面必须夯实，承载力达到规定要求；地面平整无积水；并且做好周围地面的排水坡、排水沟等；现场支架要有专人放线，放线精准并验收合格；以上工作确认无误后，方可正式开始支架搭设。支架搭设做到横平竖直，安装牢固，相关的技术要求、允许偏差与检验方法符合规范要求（图 3-10、图 3-11）。

图 3-10　排架扫地杆

图 3-11　模板支架搭设

2. 模板的安装

模板施工前，必须有有关人员做安全技术交底。

模板工程作业高度在 2m 以上（包括 2m）时，要有安全可靠的操作平台。

（1）模板安装顺序

设置柱厚度限位→清理柱梁部位基层垃圾→排放柱模板→搭设钢管架→安装柱模板→安装梁模板→铺楼板格栅和底模→安装楼梯模→清扫模板内垃圾。

模板安装既要有稳定性、安全性，又要方便拆除。

（2）模板安装应满足下列要求：

1）模板的接缝不应漏浆；在浇筑混凝土前，木模板应浇水湿润，但模板内不应有积水。

2）模板与混凝土的接触面应清理干净并涂刷隔离剂，但不得采用影响结构性能或妨碍装饰工程施工的隔离剂。

3）浇筑混凝土前，模板内的杂物应清理干净；对跨度不小于 4m 的现浇钢筋混凝土梁、板，其模板应按设计要求起拱；固定在模板上的预埋件、预留孔和预留洞均不得遗

漏，且应安装牢固。

3. 柱模板

框架柱支模如图 3-12～图 3-15 所示。

图 3-12　框架柱支模（1）

图 3-13　框架柱支模（2）

图 3-14　框架柱支模（3）

图 3-15　框架柱支模（4）

(1) 轴线定位

柱模板安装时，先在基础面（或楼板面）上弹出轴线及边线。同一列柱应先弹出两端柱轴线、边线，然后拉通线弹出中间柱的轴线及边线。

模板定位主要检查、验收其标高和轴线位置，应当符合设计要求和规范的规定（图 3-16）。

(2) 柱模板安装

现场柱模放线验收合格后，制作柱模样板，经现场技术负责人、质检员、监理等验收合格后方可正式开始模板制作安装。

1）按照边线先把底部方盘固定好，再对准边线安装两侧纵向侧板，用临时支撑支牢，并在另两侧钉几块横向侧板，把纵向侧板互相拉住。用线坠校正柱模板垂直度后，用支撑加以固定，再逐块钉上横向侧板。

图 3-16　柱放线

2）矩形柱如四边均采用纵向模板则模板横缝较少，板块与板块竖向接缝处理，做成企口式拼接，柱边角处也做成企口式拼接，保证楞角方直、观感更好。柱顶与梁交接处要留出缺口，缺口尺寸即梁的高与宽，并在缺口两侧及底钉上衬口档。断面较大的柱模板，为了防止在混凝土浇筑时模板出现鼓胀变形，应在柱模板外侧设置柱箍，柱箍间距应根据柱断面大小确定，一般不大于 0.6m，柱模下部间距应小些，往上可逐步增大间距。设置柱箍时横向侧板外侧应设置竖向木档。为了柱模的稳定，柱模之间应用水平撑、剪刀撑相互拉结固定。

3）对模板的轴线位移、垂直偏差、对角线、扭向等全面校正，并安装定型斜撑，或将一般拉杆和斜撑固定在预先埋在楼板中的钢筋环上，每面设两个拉（支）杆，与地面呈 45°。以上述方法安装一定流水段的模板。检查安装质量，最后进行群体的水平拉（支）杆及剪刀支杆的固定。

将柱根模板内清理干净，封闭清理口。

当柱高超过 6m 时，不宜单根支撑，宜几根柱同时支撑连成构架（图 3-17～图 3-19）。

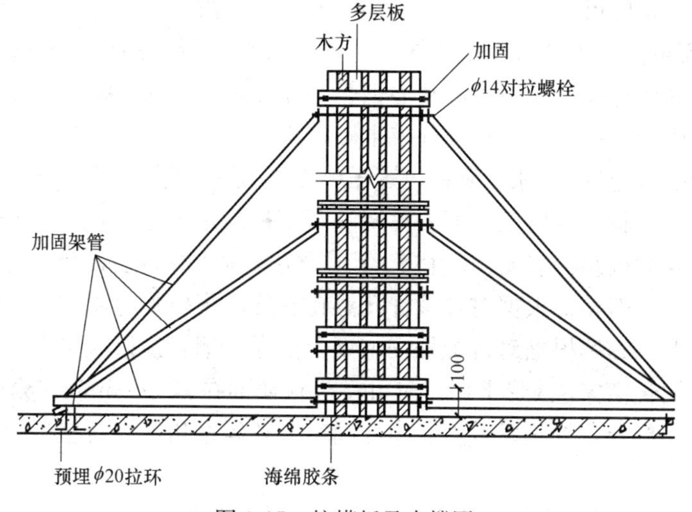

图 3-17　柱模板及支撑图

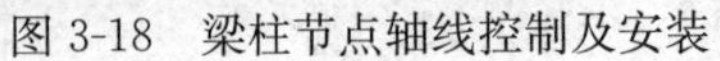
图 3-18 梁柱节点轴线控制及安装

图 3-19 柱模及排架

4. 墙模板

剪力墙模样板如图 3-20 所示。

（1）模板定位

墙模板安装时，应先在基础或地面上弹出墙体的中线和边线。其主要检查、验收项目标高和轴线位置，也应当符合设计要求和规范的规定（图 3-21）。

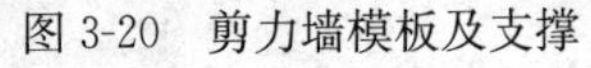
图 3-20 剪力墙模板及支撑

图 3-21 剪力墙模板安装

（2）墙模板安装要点

1）在安装模板前，先进行木工翻样，将墙模板根据所在的位置进行编号、标记，并根据模板设计钻好螺杆孔。模板底部在墙钢筋上焊接限位钢筋。按位置线安装门窗洞口模板，与墙体钢筋固定，并安装好预埋件或木砖等。

2）模板安装时，应按照地面所弹边线压线由下而上安装。将一侧预拼装墙模板按位置线吊装就位，安装斜撑或使工具型斜撑调整至模板与地面呈 75°，使其稳定坐落于基准面上。安装穿墙或对拉螺栓和支固塑料套管。要使螺栓杆端向上，套管套于螺栓上，清扫模内杂物。再将另一面模板根据对拉螺杆孔对孔安装，模板临时固定后，根据支撑的要求将背枋钉在模板上，然后根据对拉螺杆安装钢管横撑，钢管横撑应平直美观，并及时上紧螺杆 3 形卡固定钢管横撑，3 形卡固定时可将模板截面拉紧 3～5mm，模板支设全过程必须全高吊线收紧 3 形卡，校正垂直度。与此同时调整斜撑角度，合格后固定斜撑，紧固全部螺杆螺母。

3）模板安装时，墙柱底板应清理干净，根据控线位置，调整垂直度，模板拼装前应逐步清除混凝土残渣、砂浆，并涂刷隔离剂。隔离剂严禁使用油性隔离剂，应使用水性隔离剂。

4）墙柱模板安装：墙柱阴角鹰采用木方收口，竖楞伸至木方底。安装外墙模板时，上层模板应伸入下层墙体，下层墙体相应位置预留钢筋限位，防止错台或跑模。墙柱模板下口提前 1d 用砂浆封堵，保证强度。墙柱缝隙用双面胶封堵。

模板安装完毕后，全面检查扣件、螺杆、斜撑是否紧固、稳定，模板接缝及下口是否严密。

5. 梁模板

梁模样板如图 3-23 所示。

图 3-22 剪力墙模板标高控制

图 3-23 梁模及支撑

（1）梁模板单块就位安装工艺流程

弹出梁轴线及水平线并复核→搭设梁模支架→安装梁底楞或梁卡具→安装梁底模板→梁底起拱→绑扎钢筋→安装侧梁模→安装另一侧梁模→安装上下锁口楞、斜撑楞及腰楞和对拉螺栓复核梁模尺寸、位置→与相邻模板连固。

（2）梁模板就位安装施工要点

1）在柱子混凝土上弹出梁的轴线及水平线（梁底标高引测用）并复核。

2）安装梁模支架之前，首层为土壤地面时应平整夯实，无论首层是土壤地面或楼板地面，在专用支柱下脚要铺设通长脚手板，并且楼层间的上下支座应在一条直线上。支柱一般采用双排（设计定），间距以 600～1000mm 为宜。支柱上连固 100mm×100mm 木楞。支柱中间和下方加横杆或斜杆，立杆加可调底座。

3）立柱顶部用钢管和扣件搭设梁主龙骨，梁中部加设钢管顶撑，间距同支柱。在支柱上调整预留梁底模板的厚度，符合设计要求后，拉线安装梁底模板并找直。

4）在底模上绑扎钢筋，经验收合格后，清除杂物，安装梁侧模板，将两侧模板与底板连接，附以斜撑，其间距一般宜为 600mm。当梁高超过 600mm 时，需加腰楞，并穿对拉螺栓（或穿墙螺栓）加固。侧梁模上口要拉线找直，用定型夹子固定。

5）复核检查梁模尺寸，与相邻梁柱模板连接固定。有楼板模板时，在梁上连接阴角模，与板模拼接固定（图 3-24～图 3-26）。

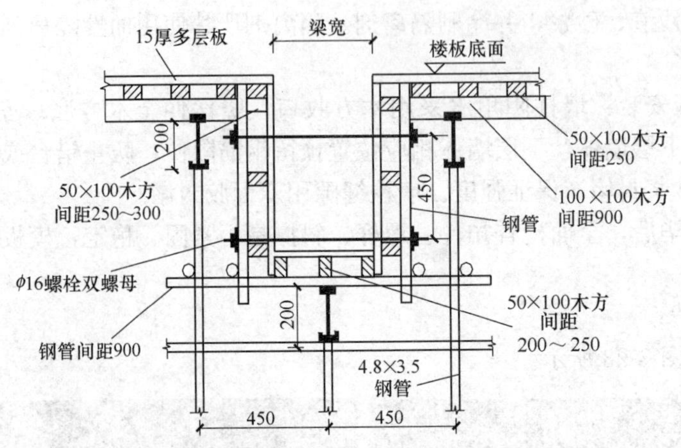

图 3-24　框架梁模板示意图（宽度及高度小于 700mm）

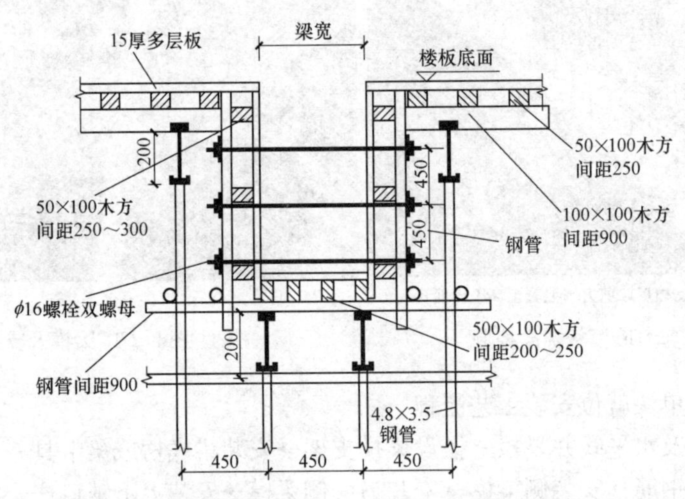

图 3-25　框架梁模板示意图（宽度及高度大于 700mm）

对梁窝部位进行放样，洞口各边均向内退15mm，并采用切割机切口，深度在8mm左右，保证洞口四周完整。

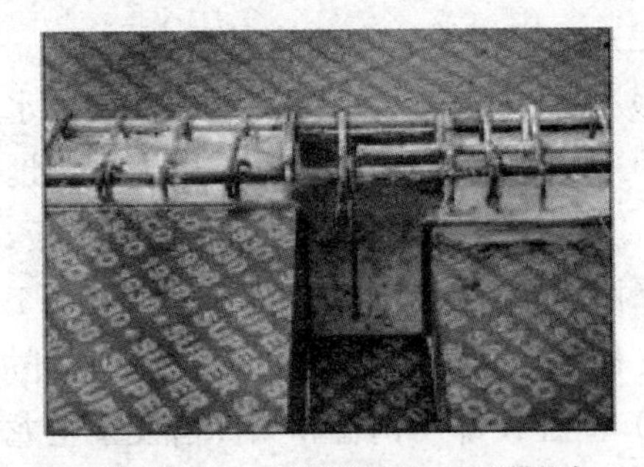

支模后的梁口，确保混凝土施工缝在模板内。

图 3-26　梁墙结合部控制做法

（3）梁模板施工时注意以下几点：

1）模板支撑钢管必须在楼面弹线上垫木方。

2）钢管排架搭设横平竖直，纵横连通，上下层支顶位置一致，连接件需连接牢固，水平拉撑连通。

3）根据梁跨度，决定顶板模板起拱大小：＜4m 不考虑起拱，4m≤L＜6m 起拱10mm，≥6m 的起拱 15mm。

4）梁侧设置斜向支撑采用钢管加扣件进行二道加固，对称斜向加固（尽量取 45°）。

5）在配置梁柱接头模板时，应采用定型模板，以保证此处构件的截面尺寸和混凝土的外观质量。采用 15mm 厚胶合板做面板，40mm×80mm 木方做背楞，加工成四块 U 形模板，柱截面内放置定位钢筋，在四块模板靠紧后用柱箍固定，在模板与柱混凝土交接处加贴海绵条，以防漏浆。

6）可调托撑螺杆技术参数：可调托撑螺杆外径不小于 36mm，可调托撑的螺杆与支架托板焊接应牢固，焊缝高度不得小于 6mm；可调托撑螺杆与螺母旋合长度不得小于 5 扣，螺母厚度不得小于 30mm。可调托撑受压承载力设计值不应小于 40kN，支托板厚不应小于 5mm。

6. 楼板模板

楼面模板及支撑样板如图 3-27～图 3-33 所示。

图 3-27　板面模板

图 3-28　楼板模板支撑（1）

（1）楼板模板单块就位安装工艺流程

搭设支架→安装横纵钢（木）楞→调整楼板下皮标高及起拱→铺设模板块→检查模板上皮标高、平整度。

（2）楼板模板就位安装工艺施工要点

1）支架搭设前应检查地面平整度，对支座底部进行调整，并垫上木方，要求坚实稳固。支架的支柱可用早拆翼托支柱从边垮一侧开始，依次逐排安装，同时木楞及横拉杆，其间距按模板设计的规定。一般情况下支柱间距为 800～1200mm，木楞间距为 600～1200mm，需要装双层木楞时，上层木楞间距一般为 400～600mm。

图 3-29　楼面模板支撑（2）

2）支架搭设完毕后，要认真检查板下木楞与支柱连接及支架安装的牢固与稳定，根据给定的水平线，认真调节支模翼托的高度，将木楞找平。

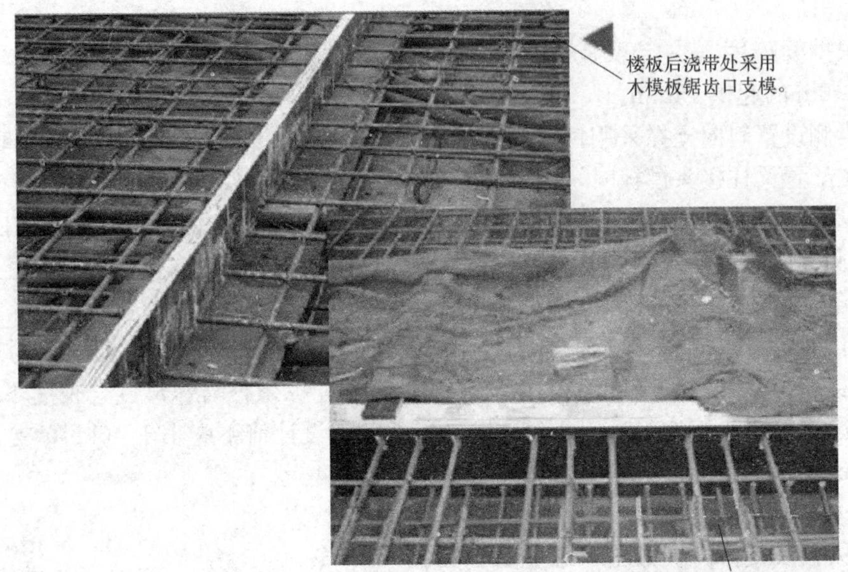

图 3-30　后浇带支模

图 3-31　后浇带支撑

图 3-32　楼面高差控制定型化做法

3）铺设多层板：先用阴角模与墙模或梁模连接，然后向垮中铺设平模。最后对于不够整模数的模板和窄条缝，采用拼缝模，严禁用木方嵌补，拼缝应严密。

4）平模铺设完毕后，用靠尺、塞尺和水平仪、激光扫平仪检查平整度与楼板底标高，并进行校正。

（3）楼板模板起拱

图 3-33　飘窗板滴水线（一次成型）

现浇钢筋混凝土板，当跨度≥4m 时模板应起拱，起拱高度为全跨长度的1‰～3‰。利用扣件式脚手架上部加可调支撑调整高度，木板作为辅助，以满足楼板挠度的要求。起拱应从周边向跨中逐渐增大（板边不起拱），起拱后模板表面应是平滑曲线，不允许模板表面因起拱而出现错台。起拱高度还应注意楼板标高、厚度，起拱后的楼板最薄处其厚度不应低于规范要求。

（4）楼板预留洞

楼板预留洞应采用 40mm×80mm 木方和九夹板作为面板做成定型盒子，在合模前放入，盒子应涂刷隔离剂，以利于拆模。安装工程的管道预留洞口应采用定型钢管，在混凝土浇筑前放入。均应固定，防止浇筑混凝土时产生位移。

（5）楼板模板施工时注意以下几点：

1）模板支撑钢管必须在楼面弹线上垫木方。

2）钢管排架搭设横平竖直，纵横连通，上下层支顶位置一致，连接件需连接牢固，水平拉撑连通。

3）模板底第一排楞需紧靠墙（梁）板，如有缝隙用密封条封孔，模板与模板之间拼接缝应小于 1mm，否则用油漆腻子封实或用双面贴进行封贴。

4）根据房间大小，决定顶板模板起拱大小：$<4\text{m}$ 开间不考虑起拱，$4\text{m}\leq L<6\text{m}$ 起拱 10mm，≥6m 的起拱 15mm。

5）模板支设，下部支撑用满堂脚手架支撑下垫垫板。顶板纵横格栅用压刨刨成同样规格，并拉通线找平。特别是四周的格栅，弹线保持在同一标高上，板与格栅用 50mm 长钉子固定，格栅间距 300mm，板铺完后，用水准仪校正标高，并用靠尺找平。铺设四周模板时，与墙齐平，加密封条，避免墙体“吃模”，板模周转使用时，将表面的水泥砂浆清理干净，涂刷水性隔离剂，对变形和四周破损的模板及时修整和更换以确保接缝严密，板面平整；模板铺完后，将杂物清理干净，刷好水性隔离剂。

6）从轴线起步 400mm 立第一根立杆以后按 1000mm 的间距立支撑，这样可保证立柱支撑上下层位置对应。水平拉杆要求设上、中、下三道，扫地杆离楼面 150mm 左右，考虑到行人通过，中部支撑留置高度在 1.80m。

7）在架设混凝土地泵泵管经过处的模板梁、板面下钢管架要进行加固处理；其立杆及剪刀撑必须牢固；防止泵出料时产生侧冲击力，使整体钢管架变形（图 3-34 ～图 3-37）。

按标高线沿墙四周安装水平龙骨，加固到位，防止四周漏浆

采用双面胶或清漆、腻子粉拌制的腻子填补板缝

图 3-34　楼面标高控制

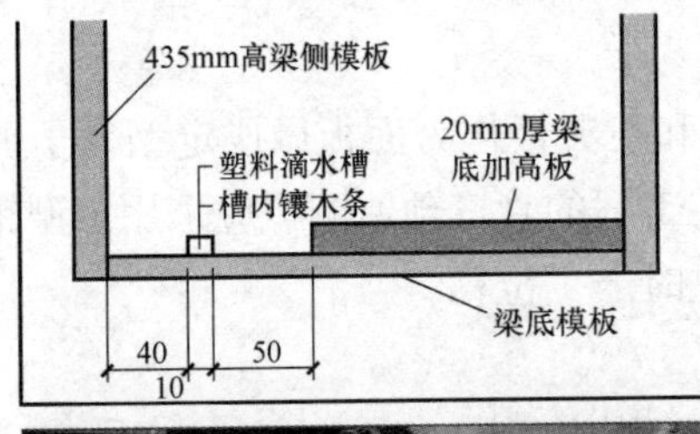

加高板

滴水槽

滴水线

飘窗板滴水线一次成型现场实景

图 3-35　飘窗板滴水线（一次成型）

楼面高度差处吊模位置准确，加固牢靠

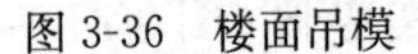

图 3-36　楼面吊模

后浇带支架搭设坚实稳固；模板平整更好？拼缝处用海绵条。

图 3-37　楼面后浇带模板

7. 楼梯模板

楼梯模板样板如图 3-38 所示。

楼梯模板底模、侧模采用 15mm 厚胶合板模板，龙骨为 40mm × 80mm、100mm×100mm 的木方，支撑用 Φ48×3.5 钢管，间距 1200mm×1200mm。施工前应根据实际层高进行放样，先安装休息平台梁，再安装楼梯段斜模板木楞，然后铺设楼梯板底模，再安装侧模和踏步模板，安装时要注意支撑的固定，防止浇筑混凝土时发生位移（图 3-39、图 3-40）。

图 3-38　木楼梯踏步定型化支模

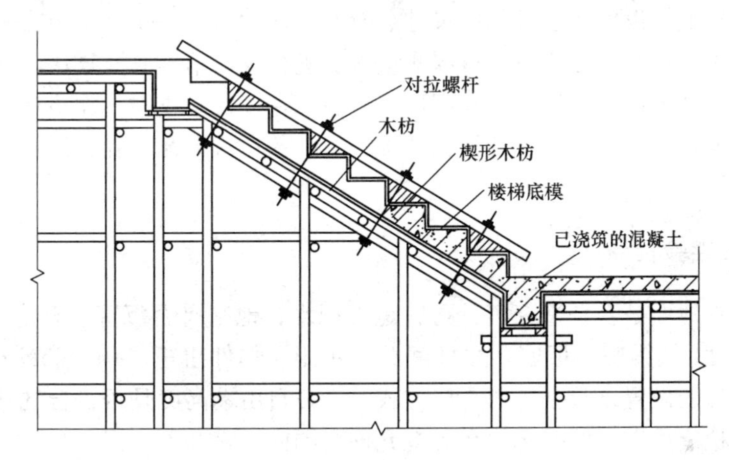

图 3-39　楼梯模板安装方法一

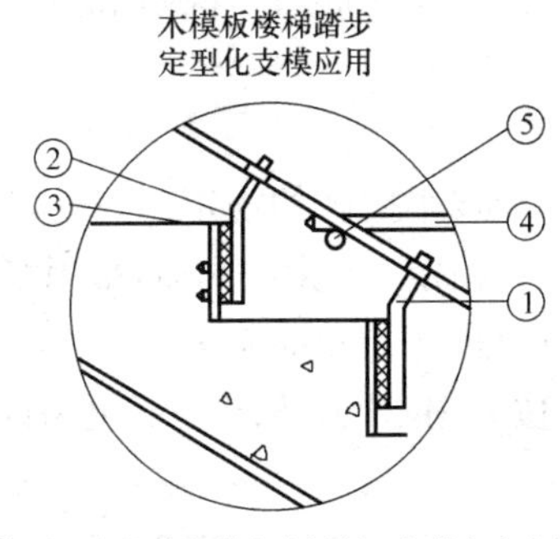

① 采用钢管按支模角度焊制，与纵向主龙骨十字扣件连接。

② ∟40×4角铁，上下各一，用于加固踢板。

③ 木楔子楔紧，便于拆装。

④ 纵向加固钢管与休息平台支模架相连，防止浇筑混凝土时踢板变形。

⑤ 横向加固钢管支撑在立杆或两端剪力墙上，防止踢板在人员踩踏下标高误差。

图 3-40　楼梯模板安装方法二

楼梯模板安装方法不一，但是不管哪种方法，都必须保证楼梯模板成型质量。

3.3 模板分项工程验收

模板分项工程的验收是模板验收的最后一道关，是确保混凝土成型质量的关键。因此，在混凝土浇筑前应对模板工程进行验收，验收由项目安全部、技术质量部、工程部及施工队伍等共同参与，并填写验收单，再上报监理进行验收。高支模验收必须有专家参与，验收整改合格后方准使用。

模板分项工程验收按部位分为模板支撑架验收、梁板墙柱模板验收、节点验收、后浇带验收等。施工单位在完成模板检验批后，在自检合格的基础上（形成了自检记录），上报监理单位验收。评定标准是《混凝土结构工程施工质量验收规范》GB 50204—2015。

模板的验收坚持执行“三检制”，即施工班组内部自检合格后（检查模板支撑、立杆、水平杆间距、扫地杆设置及模板几何尺寸、标高、垂直度、平整度、拼缝等），报现场技术员复检，技术员检验后并联系项目部测量人员进行仪器精确放样复核，并填写混凝土浇筑申请单，经复合无误后再报请质检部进行检验。在模板验收中，除检查模板尺寸是否符合施工图要求外，还要重点验收模板在技术方案中的执行情况，确保混凝土安全浇筑后达到良好外观。

3.3.1 模板支架验收

现场要检查地面是否平整夯实、雨后是否积水、地基是否沉降、杆底是否设置垫木；现场立杆垂直度，（梁底、板底）立杆间距、步距、扣件扭矩（40～65N·m），剪刀撑、纵横杆、扫地杆的设置以及立杆的连接方式、立杆自由端高度是否符合规范方案要求，支模架搭设必须稳定可靠，偏差必须在规范允许范围内（表 3-2）。

3.3.2 梁、板、墙、柱模板验收要点

现场模板验收要严格“三检”制度。模板安装完成后，浇筑混凝土前由项目技术负责人组织有关人员进行模板工程施工验收。

1. 验收内容

（1）模板安装是否符合该工程模板设计和技术措施的规定。

（2）模板的支承点及支撑系统是否可靠和稳定，连接件中的紧固螺栓及支撑扣件紧固情况是否满足要求。梁底扣件紧固螺栓力矩应进行 100％检查。

（3）预埋件：预留件的规格、数量、位置和固定情况是否正确可靠，应逐项检查验收。

（4）必须按《建筑工程施工质量验收统一标准》GB 50300—2013 的规定，进行逐项评定模板工程施工验收。

（5）支架模板设计上施工荷载是否符合要求。

（6）在模板上运输混凝土或操作是否搭设符合要求的走道板。

（7）作业面孔洞及临边是否有防护措施。

（8）垂直作业是否有隔离防护措施。

验收合格后方可浇筑混凝土，并做好模板工程施工验收记录（表 3-3）。

模板支架验收记录表 **表 3-2**

项目名称							
搭设部位		高度	m	跨度	m	最大荷载	
搭设班组	架子工班组			班组长			
操作人员 持证人数				证书符合性			
专项方案编审程序符合性		技术交底情况		安全交底情况			

钢管扣件	检查项目	结果
钢管扣件	进场前质量验收情况	符合要求
	材质、规格与方案的符合性	符合要求
	使用前质量检测情况	符合要求
	外观质量检查情况	符合要求

检查内容		允许偏差	方案要求	实际质量情况										符合性
立杆间距	梁底	+30mm	+20mm											
	板底	+30mm	+20mm											
步距		+50mm	+50mm											
立杆垂直度		≤0.75% 且≤60mm	≤0.75% 且≤60mm											
扣件拧紧		40～65N·m	40～65N·m											
立杆基础		混凝土基加木垫板		混凝土基加木垫板										
扫地杆设置		离地面 0.2m 纵横向连续设置		离地面 0.2m 纵横向连续设置										
拉结点设置		按规范和方案要求		/										
立杆搭接方式		按规范和方案要求		按规范和方案要求										
纵、横向水平杆设置		扫地杆以上每 1.5m 纵横双向设一道		扫地杆以上每 1.5m 纵横双向设一道										
剪刀撑	垂直纵、横向	按规范和方案要求		按规范和方案要求										
	水平(高度>4m)	按规范和方案要求		按规范和方案要求										
其　　他		/		/										
施工单位检查结论		结论：　　检查日期：　　年　月　日 检查人员：　　项目技术负责人：　　项目经理：												
监理单位验收结论		结论：　　验收日期：　　年　月　日 专业监理工程师：　　总监理工程师：												

模板安装检验批质量验收记录　　表 3-3

单位(子单位)工程名称		分部(子单位)工程名称	主体结构/混凝土结构	分项工程名称	模板
施工单位		项目负责人		检验批容量	
分包单位		分包单位项目负责人		检验批部位	
施工依据	《混凝土结构工程施工规范》(GB 50666—2011)	验收依据	《混凝土结构工程施工质量验收规范》(GB 50204—2015)		

		验收项目			设计要求及规范规定	样本总数	最小/实际抽样数量	检查记录	检查结果
主控项目		模板及支架材料质量			第 4.2.1 条				
		现浇混凝土模板及支架安装质量			第 4.2.2 条				
		后浇带处的模板及支架独立设置			第 4.2.3 条				
		支架竖杆和竖向模板安装要求			第 4.2.4 条				
一般项目	1	模板安装的一般要求			第 4.2.5 条				
	2	隔离剂的品种和涂刷方法质量			第 4.2.6 条				
	3	模板起拱高度			第 4.2.7 条				
	4	现浇混凝土结构多层连续支模、支架的竖杆、垫板要求			第 4.2.8 条				
	5	固定在模板上的预留件和预留孔洞			第 4.2.9 条				
	6	预留件、预留孔洞允许偏差mm	预埋板中心线位置		3				
			预埋管、预留孔中心线位置		3				
			插筋	中心线位置	5				
				外露长度	+10,0				
			预埋螺栓	中心线位置	2				
				外露长度	+10,0				
			预留洞	中心线位置	10				
				尺寸	+10,0				
	7	现浇结构模板安装允许偏差mm	轴线位置		5				
			底模上表面标高		±5				
			模板内部尺寸	基础	±10				
				柱、墙、梁	±5				
				楼梯相邻踏步高差	±5				
			柱、墙垂直度	层高≤6m	8				
				层高>6m	10				
			相邻模板表面高差		2				
			平整度		5				

施工单位检查结果	专业工长： 项目专业质量检查员： 年　月　日
监理单位验收结论	专业监理工程师： 年　月　日

2. 梁板墙柱模板验收要点

（1）使用的材料必须符合施工要求。

（2）拉接的螺杆，必须牢固、可靠。

（3）有高低模板，挂板必须进行加固。

（4）翻边模板，平直度、垂直度、截面尺寸控制在允许范围内。

（5）不得有炸模因素的存在。

（6）不同混凝土强度等级的交接处，及梁、板中有高低跨处，必须用钢丝网分割开。

（7）跨度大于4m梁、板必须起拱，中间的标高必须往上丈量10～15mm，不得出现两边上拱，中间下沉。

（8）注意相邻部位的标高，避免同一梁、板底高低不一。

（9）预留洞尺寸必须方正，有有效的控制方法，严禁出现歪斜洞口。

（10）模板在同一轴线上，同规格柱、墙必须拉线校正，混凝土在浇捣完毕后，外墙必须拉线校正。

（11）模板的接缝必须严密，模板脱模油涂刷均匀。

（12）墙、柱模板中的预留梁、板及洞口尺寸，必须正确，严禁墙、柱模板伸入梁、板内。

（13）施工完，支模时的锯末、木块，脱膜油等应清理干净，拆模后的杂物应及时清理，堆放到指定位置。

（14）支模架必须稳定牢固，墙体对拉螺杆分布均匀，加固方法得当。在平板面有反梁，反梁模板有可靠的支撑点。

（15）剪力墙、柱下口处50～100mm处，预留洞口周边必须焊固定钢筋，防止模板位移，模板内有撑筋，控制模板截面尺寸。

（16）墙体阴阳角均采用阴、阳角模，钢筋加固，在洞口阴阳角处的水平管固定必须有两个以上固定扣件固定，减少单个扣件单点固定而造成混凝土浇筑中截面尺寸变形。

（17）墙、板后浇带、楼梯施工缝留设的位置必须符合施工有关规定要求，确保混凝土施工质量。

（18）大小、尺寸位置准确，最重要的是垂直度，必须吊垂线一一复核到位。

（19）压脚板到位，注意与轴线的位置关系，防止胀模。

（20）泄水、垃圾清除孔的留置很重要，如果柱内有积水，混凝土强度得不到保证。

（21）模板加固，板缝拼严，避免漏浆，造成麻面。

3. 梁板墙柱验收具体内容

（1）柱模板验收要点

1）主要检查验收柱的标高、垂直度和轴线位置、板缝是否拼严、柱底是否有止浆条。

2）柱验收具体内容如下：要检查柱模的轴线、边线位置是否准确；标高、截面尺寸、平整度、吊柱模垂直度偏差是否符合规范要求、阴阳角是否方正、柱模底部是否有垃圾、积水、板缝是否拼严防止漏浆烂根等；另外柱模柱箍、支撑体系是否稳固，以防胀模、大肚模板，是否正确涂刷隔离剂等。

3）柱模板验收时的注意事项

① 胀模、断面尺寸不准。

防治的方法是，根据柱高和断面尺寸设计核算柱箍自身的截面尺寸和间距，以及对大断面柱使用穿柱螺栓和竖向钢楞，以保证柱模的强度、刚度足以抵抗混凝土的侧压力。施工应认真按设计要求作业。

② 柱身扭向。

防治的方法是，支模前先校正柱筋，使其首先不扭向。安装斜撑（或拉锚），吊线找垂直时，相邻两片柱模从上端每面吊两点，使线坠到地面，线坠所示两点到柱位置线距离均相等，即使柱模不扭向。

图 3-41　成排柱模

图 3-42　柱模

图 3-43　柱模加固

图 3-44　柱模板加固

图 3-45　柱模支撑牢固

③ 轴线位移，一排柱不在同一直线上。

防治的方法是，成排的柱子，支模前要在地面上弹出柱轴线及轴边通线，然后分别弹出每柱的另一方向轴线，再确定柱的另两条边线。支模时，先立两端柱模，校正垂直与位置无误后，柱模顶拉通线，再支中间各柱模板。柱距不大时，通排支设水平拉杆及剪刀撑，柱距较大时，每柱分别四面支撑，保证每柱垂直和位置正确（图 3-41～图 3-47）。

图 3-46　柱垂直度检查验收

图 3-47　构造柱模板

（2）墙模板验收要点

1）主要检查验收墙标高和轴线位置、板缝是否拼严、剪力墙是否有止浆条。

2）墙验收具体内容如下：要检查墙模的轴线、边线位置是否准确；标高、截面尺寸、平整度、墙模垂直度偏差是否符合规范要求、底部是否有垃圾、积水；另外全面检查扣件、螺杆、斜撑是否紧固、稳定，模板接缝及下口是否严密、模板是否正确涂刷隔离剂等。

3）墙模板验收时要注意：

① 墙体厚薄不一，平整度差。

防治方法是，模板设计应有足够的强度和刚度，龙骨的尺寸和间距、穿墙螺栓间距、墙体的支撑方法等在作业中要认真执行。

② 墙体烂根，模板接缝处跑浆。

防治方法是，模板根部砂浆找平塞严，模板间卡固措施牢靠。

③ 门窗洞口混凝土变形。

产生的原因是，门窗模板与墙模或墙体钢筋固定不牢，门窗模板内支撑不足或失效，应加固（图 3-48、图 3-49）。

（3）梁模板验收要点

1）主要检查验收梁标高和轴线位置、梁模底部和上口是否顺直、是否按照规范和方案要求起拱。

2）梁模验收具体内容如下：要检查梁模的轴线、边线位置是否准确；标高、截面尺寸、平整度、垂直度偏差是否符合规范要求；梁模底部是否有垃圾、积水；另外全面检查扣件、螺杆、支撑是否紧固、稳定；当梁高超 600mm 时，是否增加腰楞；支撑钢管排架搭设是否横平竖直，纵横连通；板缝是否拼严有止浆条；模板是否正确涂刷隔离剂等（图 3-50～图 3-52）。

图 3-48 墙模加固

图 3-49 剪力墙模板

图 3-50 地梁模板

图 3-51 梁模板支撑加固

图 3-52 梁底排架

（4）楼板模板验收要点

1）主要检查验收楼面模板平整度、板面标高、板模底部是否按照规范和方案要求起拱、预留洞口及预埋管线位置是否准确等。

2）楼面模板验收具体内容如下：要检查平整度、标高、楼板模板厚度偏差是否符合规范要求；底部是否有垃圾、积水；另外全面检查扣件、螺杆、支撑是否紧固、稳定；支撑钢管排架搭设是否横平竖直，纵横连通；板缝是否拼严有止浆条；模板是否正确涂刷隔离剂等。

3）梁、板模板验收时要注意：

梁、板底不平、下挠；梁侧模板不平直；梁上下口胀模。

防治方法是，梁、板底模板的龙骨、支柱的截面尺寸及间距应通过设计计算决定，使模板的支撑系统有足够的强度和刚度。作业中应认真执行设计要求，以防止混凝土浇筑时模板变形。模板支柱应立在垫有通长木板的坚实的地面上，防止支柱下沉，使梁、板产生下挠。梁、板模板应按设计或规范起拱。梁模板上下口应设销口楞，再进行侧向支撑，以保证上下口模板不变形（图 3-53、图 3-54）。

图 3-53　楼面模板

梁、板起拱符合方案和规范要求(2/1000)；梁、板标高在规范允许偏差范围内；模板隔离剂涂刷均匀。

图 3-54　梁板模板

（5）楼梯模板验收要点

主要检查验收楼梯轴线、标高偏差是否符合规范要求；是否有垃圾、积水；另外全面检查扣件、螺杆、支撑是否紧固、稳定（安装时要注意斜支撑固定，防止浇筑混凝土时发生位移）；板缝是否拼严有止浆条；模板是否正确涂刷隔离剂等（图 3-55）。

楼梯轴线位置准确；标高符合设计要求；扣件、螺杆、支撑紧固、稳定。

图 3-55　楼梯模板支撑图

（6）梁板墙柱节点模板验收要点

主要检查验收节点处模板是否拼缝严密采用止浆条、阴阳角是否方正、模板加固措施是否到位（图 3-56、图 3-57）。

图 3-56 梁柱节点模板

图 3-57 墙柱节点模板

（7）后浇带模板验收要点

主要检查验收后浇带模板顺直、平整度、板面标高、模板支架是否采用稳固的独立支撑等（图 3-58）。

图 3-58 后浇带模板

图 3-59 独立基础模板及支撑

模板安装和浇筑混凝土时，应对模板及其支架进行观察和维护。发生异常情况时，应按审核过的施工技术方案及时进行处理；模板及其支架拆除的顺序及安全措施应按施工技术方案执行。

（8）独立基础模板验收要点

1）主要检查验收垫层面标高和模板上口标高和轴线位置。

2）独基模板验收具体内容如下：要检查模板的轴线、边线位置是否准确；标高、截面尺寸、垂直度偏差是否符合规范要求；底部是否有垃圾、泥土、积水；另外全面检查扣件、螺杆、支撑是否紧固、稳定等；板缝是否拼严有止浆条；模板是否正确涂刷隔离剂等（图 3-59）。

3.4 高支模验收

高支撑模板系统（以下简称“高支模”）是指高度大于或等于5.0m、跨度大于或等于10m、施工总荷载10kN/m² 及以上、集中荷载15kN/m² 及以上的模板及其支撑系统。高支模施工承受荷载大、施工高度高，一旦施工或处理不好，极容易发生坍塌或坠落事故，故施工高支模前必须对支撑系统进行计算，制定相应方案，并经相关专家评审、经现场搭设验收后方可浇筑混凝土。故此，在施工过程中为确保高支模工程的安全性，杜绝出现安全事故，高支模搭设前需要进行针对性的方案与技术交底。过程中应认真按方案实施执行并严格检查。搭设完成后应组织相关人员进行验收，并及时办理验收手续后方可进入下一道施工工序。

3.4.1 施工工艺

搭设满堂钢管架→支梁、板底模→安装柱模板、梁侧模→调整、加固、验收模板→混凝土浇筑→拆模（表3-4）。

3.4.2 高支模搭设施工及注意事项

（1）模板安装及预埋件、预留洞允许偏差见表3-5。

（2）首先按梁的纵向轴线定出梁两侧支撑立杆的位置，然后布置板下部立杆，所有梁下立杆间距根据各部位的构造设计来搭设。

（3）梁底水平钢管搭设按3‰起拱。

（4）梁下增加两根承重立杆，并用水平杆纵横贯通。

（5）自由端高度：扣件式不大于400mm；碗扣式不大于500mm。

（6）在梁下增加垂直于斜梁的斜杆，并与立杆连接。

（7）支撑立杆接长使用对接扣件，严禁使用十字扣件搭接接长支撑立杆。

（8）搭设时按设计要求在支撑立杆底垫好木板基础垫。

（9）支撑立杆近地面处均设置扫地杆，且离地距离200mm。同时按构造设计要求和规范规定设置垂直剪刀撑。

（10）抬模架完成后，进行抬模架支撑系统检查，要满足稳定、强度、刚度好，上面搁置木楞，最后上面安装梁底模板。模板拼缝要严密，防止混凝土浇筑时漏浆。

（11）支撑架每根立杆底部设置底座或垫板；支撑架必须设纵横向扫地杆；支撑架立杆接长必须采用对接扣件连接，并应错开布置。

（12）两根相邻立杆的接头不应设置在同一步内，同一步内隔一根立杆的两个相隔接头在高度方向错开的距离不小于500mm，各接头中心至主节点的距离不大于步距的1/3。

（13）支撑架每根立杆必须垂直，垂直偏差不大于15mm。

（14）支撑架的四边与中间每隔4～5排立杆设置一道纵、横向剪刀撑，由底至顶连续设置，每隔5跨设置一道水平剪刀撑，高度间距3000mm，形成整体稳固系统。

（15）模板安装前必须在模板表面满刷隔离剂，清扫安装部位的垃圾及杂物。

（16）搭设高支模系统时，不得使用严重锈蚀、变形、断裂、脱焊、螺栓松动的钢管、扣件、对接螺杆来搭设支撑架和受力系统。

高大支模工程检查验收记录表

表 3-4

<table>
<tr><td rowspan="2">工程名称</td><td rowspan="2"></td><td rowspan="2">施工单位</td><td rowspan="2"></td><td rowspan="2">专项方案</td><td>编制人</td><td></td><td>职称</td><td>工程师</td></tr>
<tr><td>审批人</td><td></td><td>职称</td><td>高级工程师</td></tr>
</table>

<table>
<tr><td rowspan="9">专项设计方案</td><td colspan="2">结构形式</td><td></td><td>层次位置</td><td colspan="2"></td><td colspan="2">支模最大高度(m)</td><td colspan="2"></td><td colspan="2">总监理工程师</td><td colspan="4">审查意见：</td></tr>
<tr><td colspan="2">梁截面 b×h</td><td></td><td>最大梁跨度</td><td colspan="2"></td><td colspan="2">主梁线荷载(kN/ m)</td><td colspan="2"></td><td colspan="2">专家组评审意见</td><td colspan="4"></td></tr>
<tr><td rowspan="7">模板及支撑架材料</td><td>木枋</td><td>80×80mm</td><td colspan="13">支撑系统及模板设计</td></tr>
<tr><td rowspan="2">模板</td><td rowspan="2">915×1830×18mm（胶合板）</td><td rowspan="2">构件类型</td><td rowspan="2">最大高度</td><td rowspan="2">梁截面尺寸(mm)</td><td colspan="2">支撑系统</td><td rowspan="2">步距</td><td rowspan="2">底部支承状态（土或砼）</td><td rowspan="2">梁（板）底主次楞布设</td><td rowspan="2">横楞传受荷载状态</td><td rowspan="2">单根立管承载</td><td rowspan="2">交叉支撑设置</td><td rowspan="2">水平加固杆设置</td><td rowspan="2">剪力撑设置</td></tr>
<tr><td>横距</td><td>纵距</td></tr>
<tr><td>支撑系统</td><td>盘扣式脚手架（ϕ48×3.0 mm）及钢管（ϕ48×3.0 mm）</td><td></td><td></td><td></td><td></td><td></td><td></td><td></td><td></td><td></td><td></td><td></td><td></td><td></td></tr>
<tr><td>纵向水平拉杆、纵横向剪刀撑：</td><td>钢管（ϕ48×3.0 mm）及其配件</td><td colspan="13">侧模支撑设计</td></tr>
<tr><td rowspan="2">垫板</td><td rowspan="2"></td><td colspan="5">梁截面(mm)</td><td colspan="4">梁侧内外龙骨布设(mm)</td><td colspan="4">对拉螺栓布置(mm)</td></tr>
<tr><td colspan="5"></td><td colspan="4"></td><td colspan="4"></td></tr>
</table>

<table>
<tr><td>施工现场实物检查结果</td><td>模板及支撑材料</td><td></td><td>支撑系统及模板安装</td><td></td><td>侧模支撑制安</td><td></td><td>其它</td><td></td></tr>
</table>

<table>
<tr><td>验收意见

项目安全员(签名)：

专项方案编制人(签名)：

项目经理(签名)：

年　月　日</td><td>验收意见：

专业监理工程师(签名)：

总监理工程师：

年　月　日</td><td>验收意见：

专家组验收人员签名：

年　月　日</td><td>验收意见：

质量安全监督站：

年　月　日</td></tr>
</table>

模板安装及预埋件、预留洞允许偏差 　　　**表 3-5**

项　　目		允许偏差(mm)
轴线位置		5
底模上表面标高		±5
模板内部尺寸	基础	±10
	柱、墙、梁	±5
	楼梯相邻踏步高差	±5
垂直度	全高≤6m	8
	全高＞6m	10
相邻两板表面高低差		2
表面平整度		5
预埋板中心线位置		3
预留管、预留孔中心线位置		3
插筋	中心线位置	5
	外露长度	+10,0
预埋螺栓	中心线位置	2
	外露长度	+10,0
预留洞	中心线位置	10
	尺寸	+10,0

(17) 由于高支模搭设时，高度较高，两人抬运模板，要相互配合，协同工作。传送模板、工具应用运输工具或绳子绑扎牢固后升降，不得乱扔。

(18) 高支模支撑及模板安装完毕后，经过项目部质检员的验收，质量合格后，由工长填写模板质量检验批验收表，报监理检查验收，验收合格后，方可进行下道工序的施工。

(19) 另外，在混凝土浇筑时垂直、水平荷载大，需对其侧面、底部支撑进行验算。

3.4.3 高支模支撑体系验收

高支模施工是本工程施工的重点。由于楼面高度高，施工荷载大，若钢管扣件支撑体系处理不当，极易发生事故，故必须对高支撑支撑体系进行验收，达到施工方案要求后，方可进行下道工序施工。

1. 排架搭设验收

(1) 布架验收

铺设垫板后在垫板上放线标定立杆位置，然后进行检查，确定其立杆位置及其调整是否符合专项方案规定和对中、对称及设置拉结的位置要求；在搭设完 2～3 架后，检查其立杆垂直度和横杆水平度是否符合要求。项目技术负责人（总工）及方案设计编制人员必须参与搭设检查，以便解决立杆搭设过程遇到的难题。

(2) 中间检查

当架高超过 15m 时，应加设一次中间检查，主要检查两个方面：

1）立杆垂直的偏差变化，是否超标或影响向上搭设。

2）检查水平剪刀撑（加强层）和内部竖向剪刀撑的设置，有问题时可以比较方便的解决、易纠偏（图 3-60）。

图 3-60 剪刀撑的设置

3）检查连墙件设置

① 连墙件应满足《建筑施工模板安全技术规范》JGJ 162—2008 的要求，水平间距为 6～9m，竖向间距为 2～3 m 设置一个固定结点与建筑拉结。

② 连墙件采用钢管抱柱箍做法，连墙件与周边结构柱子拉结成一体；当无结构柱时，高大模架与相邻楼层架体进行拉结。

③ 高支模架体在每层标准层向楼层内增设 2～3 排立杆，达到卸荷的作用。立杆下部依照连墙件的间距要求，在楼板上设置竖向Φ 20 钢筋，立杆套在钢筋上，并与上下楼面顶紧，兼做连墙件使用。

④ 遇框架梁处设置 U 形托将架体和框架梁进行横顶，横顶沿梁跨度方向间距不大于 3m。

（3）支架搭设完成验收

支架顶点支点标高是验收的重点，检查其是否符合方案要求，防止出现支点过高，导致该部位受力过大情况的发生；并为沉降监控要求提供基础依据（图 3-61）。

图 3-61 高支模剪刀撑

2. 浇筑混凝土前的高支模验收

在模板安装、钢筋工程施工期间，支架已开始承载并会出现节点松动、底部移位和杆件变形等，此时检查人员进入高支模架内检查还是安全的，可以及时进行加固和处理，避免在浇筑时出现问题。

3. 高支模施工管理要求

（1）编制、制定、审查支模架施工方案在先。

支模架施工方案由项目技术负责人及专业技术人员编制，编制完成后报企业技术负责人审核签字，签字后再报专业监理工程师审查签字，无误后可报项目总监理工程师审核签字（需要专家论证的必须组织专家论证）。

（2）支模架搭设前要技术交底。

模架搭设前由方案专业编制人员对作业人员进行书面技术交底，交底双方要签字。

（3）开始搭设支模架时，初期检查在先。

专业技术人员要检查模架钢管的位置、间距是否符合方案和规范要求，避免后期检查验收不合格造成的返工。

(4) 支模架体搭设过程中，相关各方协调工作在先。

架体搭设时，各方应协调好材料供应及其他交叉作业顺序等，避免互相影响施工。

(5) 支模架搭设完成后和投入使用前，要检查、验收、签字在先。

搭设完成后，项目技术负责人要带领专业技术人员进行自检，合格后报监理工程师检查，检查无误后双方签字认可（高支模方案经专家论证的，搭设完成后必须组织专家组进行验收）。

(6) 浇筑混凝土作业前，要确定浇筑顺序和注意事项。

浇筑混凝土时要严格按照方案中的浇筑顺序和注意事项进行浇筑，避免架体受力不合理引发事故。

(7) 拆除支模架前，再次进行技术和注意事项交底在先。

拆模前要制定拆模施工方案，并由专业技术人员再次对作业人员进行书面技术交底，交底双方要签字。

4. 高支模验收注意事项

(1) 支撑体系的水平纵横拉杆严格按本方案设计的竖向间距位置，地面第一道水平纵横拉杆距地面为 200mm（图 3-62）。

(2) 立杆下垫木枋垫板。

(3) 检查扣件螺栓的拧紧程度。

(4) 纵横向均设置垂直剪刀撑，其间距为不大于 6m；同时主梁两侧支撑立杆垂直面上必须设置剪刀撑，全面设置，不可跳跃，钢管与下面呈 45°～60°角，夹角用回扣连接牢固。

图 3-62　扫地杆

(5) 单块梁板的模板支撑体系的四周边缘，必须设置剪刀撑，防止边缘失稳，造成质量事故。

(6) 检查是否按照方案搭设、基本架体尺寸、基本步高、双向水平搭设是否完整、立杆接头部位、竖向和水平剪刀撑搭设、大梁下的搭设细部等。重点抽查顶层双向水平杆与立杆的扣件拧紧力矩、自由端高度。

3.4.4　高支模支撑系统安全措施

1. 高支模防失稳措施

(1) 浇筑梁板混凝土前，应组织专门小组检查支撑体系中各种坚固件的固体程度。

(2) 浇筑梁板混凝土时，应专人看护，发现紧固件滑动或杆件变形异常时，应立即报告，由值班施工员组织人员，采用事前准备好的 10t 千斤顶，把滑移部位顶回原位，以及加固变形杆件，防止质量事故和连续下沉造成意外坍塌。

(3) 支撑体系落在土体上，土体需打夯密实，下设垫板，防止下沉。

2. 为保证工程的顺利进行，特制定以下安全措施：

(1) 认真贯彻国家、企业的安全生产方针和有关安全技术管理规定。

（2）施工现场道路保证畅通无阻，机械设备安全可靠，临边、洞口应有安全标志。

（3）现场应设置专职安全员，负责巡视、检查监督和处理现场安全问题。

（4）施工人员在施工前必须熟悉模板工程的设计安装要求，立杆支顶必须设垫块。

（5）工人进场前必须进行全面的身体检查，凡有劳动、安全、卫生监督部门规定的不准上岗的病患一律不准上岗作业。

（6）工地设配电箱，每台木工圆盘锯单独安装专用开关及漏电保护开关，所用电源线路均须架空设置，严禁拖地，严禁使用破损或绝缘性能不良的电线，电闸箱应有门、有锁、有防雨盖板、有危险标志。

（7）各种机具设备均须采取接零或接地保护。接零线或接地线不准用独股铝线。严禁在同一系统中接地两种保护混用。

（8）电锯、木工电平刨等机械、机具按规定配备和安装防护装置。机械的传动带、明齿轮、皮带轮、飞轮等都要有防护网或罩。

（9）操作人员应按规定佩戴个人防护用具。

（10）严禁在机械运转过程中进行检修，机械检修时必须拉闸断电，并设专人看护电闸。

（11）高支模水平安全网兜的设置

混凝土浇筑前必须按照规范要求设置水平、竖向安全网、高支模和建筑物间的马槽也要设置安全网兜，设置要规范（图3-63）。

严格按照方案悬挂水平兜网，网上每根筋绳要牢固地绑扎在模架横向水平杆上，及时清理网内杂物；因施工需要临时拆除的平网要及时修复。

图 3-63　水平网兜

3.4.5　高支模安全施工监测

高支模施工安全监测及应急预案由于高支模施工危险性较大，一旦施工考虑不周全，容易发生塌落事故，为保证员工的生命安全，特制定高支模施工监测及应急预案，具体如下：

1. 安全监测依据

(1)《工程测量规范》GB 50026—2007。

(2)《建筑变形测量规范》JGJ 8—2016。

2. 高支模安全监测目的

高支模是风险性大的工程，在施工过程中应遵循动态管理，信息化施工，确保高支模的安全。

在高支模使用过程中监测的重点是：高支模工程的水平位移和沉降。具体要求是：

（1）将监测数据与预测值相比较，以判断前一步施工工艺参数是否符合预期要求，做到信息化施工。

（2）及时将现场测量结果反馈给甲方、监理、设计，使各方及时掌握高支模工程变形的情况，及时采取有效针对性的应对措施，确保作业人员的安全。

3. 监测项目、监测方法、精度要求、测点布置及观测频率及观测次数

（1）监测项目、监测方法、精度要求、测点布置

检测方法及测点布置见表3-6。

检测方法及测点布置 **表3-6**

监测项目	监测仪器	监测精度	测点布置
高支模位移	全站仪	2.0mm	间距10m,不少于3点
高支模沉降	水准仪	2.0mm	间距10m,3点

高支模监测点主要设置在各大梁的顶面或侧面，方法是采用小木条与模板钉牢，并露出混凝土面50mm，小木条不得与钢筋连接或靠住。

（2）观测频率及观测次数计划

根据施工现场的进度情况可以适当调整观测频率，各监测项目首先取得初始值，要求观测不应少于两次（由于混凝土初凝时间为6～8h，现场观测每隔2～3h进行一次监测）。高支模主要在浇筑混凝土过程中监测，在浇筑混凝土过程中，全程进行观测（注意：高支模工程的混凝土要求在白天浇筑），监测时要求平面位移变形监测和沉降监测同时进行。

3.5 模板分项工程的其他事项

3.5.1 成品保护

（1）模板支模完成后及时将多余材料及垃圾清理干净。

（2）安装工程的预留、预埋工作在支模时配合进行，禁止任意拆除模板和用锤敲打模板及支撑，以免影响模板质量。

（3）模板侧模不得堆靠钢筋等重物，以免倾斜、偏位。

（4）混凝土浇筑时，不准用振动棒等撬动模板及埋件，混凝土均匀入模，以免模板因局部荷载过大造成模板受压变形。

（5）模板安装成型后，派专人值班保护，并进行检查、校正，以确保模板安装质量。

（6）模板在吊装过程中，应轻起轻落，严禁碰撞。

（7）预组拼的模板要有存放场地，场地要平整夯实。模板平放时，要有木方垫架。立放时，要搭设分类模板架，模板触地处要垫木方，以此保证模板不扭曲不变形。不可乱堆乱放或在组拼的模板上堆放分散模板和配件。

（8）工作面已安装完毕的墙、柱模板，不准在吊运其他模板时碰撞，不准在预拼装模板就位前作为临时倚靠，以防止模板变形或产生垂直偏差。工作面已安装完毕的平面模板，不可做临时堆料和作业平台，以保证支架的稳定。禁止平台模板面上集中堆放重物，尤其是在钢筋绑扎时，加工成型的钢筋不能集中堆放在平台模板上，防止平面模板标高和平整产生偏差。

（9）拆除模板时，不得用大锤、撬棍硬砸猛撬，以免混凝土的外形和内部受到损伤。

3.5.2 模板拆除施工要求

1. 模板拆除

(1) 拆除顺序

模板拆除应遵循先支后拆、先非承重部位后承重部位以及自上而下的原则。在模板拆除时，严禁用大锤和撬棍硬砸硬撬。拆下的模板、配件等严禁抛扔，要有人接应传递，按指定地点堆放，并做到及时清理、维修和涂刷好隔离剂，以备待用。模板的拆除必须接到项目部的拆模通知后方可拆除，严禁私自拆除模板。

(2) 梁侧模的拆除

侧模拆除时混凝土强度以能保证其表面及棱角不因拆模而受损坏，预埋件或外露钢筋插铁不因拆模碰扰而松动。

(3) 柱模板拆除

1) 柱模板的拆除

墙体模板的拆除顺序是：先拆两块模板的连接件螺栓。脱模困难时，可在底部用撬棍轻微撬动，不得在上口使劲撬动、晃动和用大锤砸模板。

2) 角模的拆除。角模两侧都是混凝土墙面，吸附力较大，加之施工中模板封闭不严，或者角模移位，被混凝土握裹，因此拆模比较困难，可先将模板外表面的混凝土剔掉，然后用撬杆从下部撬动，将角膜脱出，不得因拆模困难而用大锤砸，把模板碰歪或变形，使以后的支模、拆模更加困难，以至损坏大模板。

2. 模板拆除注意事项

(1) 模板拆除时的混凝土强度要求

现浇整体式结构的模板拆除期限按设计规定，如设计无规定时，应满足下列要求：

1) 不承重的模板，其混凝土的强度在其表面及棱角不致因拆模而受损坏时，方可拆除。

2) 承重模板应在混凝土强度达到规范规定的拆模强度时，方能拆除；混凝土达到拆模强度所需要时间与所用水泥品种、混凝土配合比、养护条件等因素有关，可根据有关试验资料确定。准确控制拆模时间如下：

① 板跨度≤2m 时，混凝土强度需达到 50％时可以拆除。

② 2m＜板跨度＜8m 时，混凝土强度需达到 75％时可以拆除。

③ 板跨度≥8m 时，混凝土强度需达到 100％时可以拆除。

④ 梁跨度≤8m 时，混凝土强度需达到 75％时可以拆除。

⑤ 梁跨度＞8m 时，混凝土强度需达到 100％时可以拆除。

⑥ 悬挑构件，混凝土强度需达到 100％时可以拆除。

⑦ 有预应力的梁板，混凝土强度达到 90％且预应力必须张后方可拆除。

3) 当混凝土强度达到拆模强度后，应对已拆除侧模的结构及其支承结构进行检查，确认混凝土无影响结构性能的缺陷，而结构又有足够的承载能力后，方准拆除承重模板和支架。

4) 已拆模的结构，应在混凝土强度达到设计强度等级后，才允许承受全部计算荷载。当承受的施工荷载需大于计算荷载时，必须经过核算，必要时应加设临时支撑。

(2) 模板的拆除顺序和方法

1) 模板的拆除顺序一般是先非承重模板，后承重模板；先侧板，后底板。

2) 遵循先支后拆，先拆非承重部位，后拆承重部位以及自上而下的原则。拆模时，严禁用大锤和撬棍硬砸硬撬。

3）拆模时，工作人员应站在安全处，以免发生事故，待该段模板全部拆除后，方准将模板、配件、支架等运出码堆。

4）拆下的模板、配件等，严禁抛扔，要有人接应传递，按指定地点堆放，并做到及时清理、修理和涂刷好隔离剂，以备使用。

5）拆除竖直面模板，应自上而下进行；拆除跨度较大的梁下支柱时，应先从跨中开始，分别拆向两端。

6）拆除梁、楼板底模时，应先松动木楔或降低支架，然后逐块或分片拆除。拆除的模板用绳吊至地面，不得从高空扔下。

7）多层楼板支柱的拆除，应按下列要求进行：上层楼板正在浇筑混凝土时，下一层楼板的模板支柱不得拆除，再下一层楼板的墙柱，仅可拆除一部分；跨度为4m或4m以上梁下均应保留支柱，支柱间距不得大于3m。

8）在拆除模板过程中，如发现混凝土有影响结构安全的质量问题，应暂停拆除。经过处理后，方可继续拆除。

9）悬挑阳台的支撑从上到下暂不拆除。

3. 模板的运输、维修、保管

（1）运输

装卸模板应轻装轻卸，严禁抛掷，并应防止碰撞损坏，严禁移作它用，运输时应采取有效措施，防止模板滑动、倾倒。

（2）维修和保管

模板拆除后，应及时拔除模板上的铁钉及清理粘结的灰浆，对变形损坏的模板，宜裁小使用或及时清理出场，清理后及时涂刷隔离剂，暂时不使用应按规格分类堆放，室外堆放时顶部覆盖石棉瓦等防水措施，并有排水措施，模板底垫高离地面0.1m以上，成垛高度不超过1.8m。

第4章　模板施工实例解析

4.1　编制依据

4.1.1　施工组织设计

施工组织设计见表4-1。

施工组织设计　　表4-1

施工组织设计	编制单位	编制日期
北京大学实验设备2号楼等3项(实验设备2号楼)施工组织设计	技术质量部	2016年2月

4.1.2　施工图

施工图见表4-2。

施工图　　表4-2

图纸类别	编　号	出图日期
建筑	建总-01 建施-01～12	2014年12月
	建详-01～18	
结构	结总-01、02	2014年12月
	结施-01～27	
给水排水	水施-01～24	2014年12月
暖通	暖施-01～28	
电气	电施-01～72	2014年12月

4.1.3　主要规范、规程

主要规范、规程见表4-3。

主要规范、规程　　表4-3

序号	类别	名　称	编　号
1	国家	混凝土结构工程施工质量验收规范	GB 50204—2015
2		建设工程施工现场供用电安全规范	GB 50194—2014
3		建筑结构荷载规范	GB 50009—2012
4		建筑工程施工质量验收统一标准	GB 50300—2013
5		钢管脚手架扣件	GB 15831—2006
		混凝土结构工程施工规范	GB 50666—2011

续表

序号	类别	名　称	编　号
6	行业	施工现场临时用电安全技术规范	JGJ 46—2005
7		建筑施工安全检查标准	JGJ 59—2011
8		竹胶合板模板	JG/T 156—2004
9		建筑工程资料管理规程	JGJ/T 185—2009
		建筑施工碗扣式钢管脚手架安全技术规范	JGJ 166—2016

4.1.4　主要法规

主要法规见表4-4。

主要法规　　**表4-4**

序号	类别	名　称	编　号
1	国家	建设工程质量管理条例	国务院令(第279号)
2		关于建筑业进一步推广使用10项新技术的通知	建质[2005]26号
3		工程建设标准强制性条文	

4.2　工程概况

4.2.1　建筑概况

建筑概况见表4-5。

建筑概况　　**表4-5**

序号	项目	内　容				
1	工程名称	北京大学实验设备2号楼等3项(实验设备2号楼)				
2	工程地址	海淀区北京大学				
3	建设单位	北京大学基建工程部				
4	设计单位	×××公司				
5	监理单位	×××公司				
6	建筑功能	实验室和配套设备用房				
7	建筑面积	总建筑面积	21837m^2			
8	建筑层数	地上五层,地下三层				
9	建筑层高	地下2、3层	地下1层	1层	2～4层	5层
		4.5m	4.2m	4.2m	3.5m	2.95m
10	建筑高度	21.825m				

4.2.2　结构概况

结构概况见表4-6。

结构概况 **表 4-6**

序号	项　目	内　容	
1	结构形式	基础结构形式	梁板式筏形基础
		主体结构形式	框架结构
		屋盖结构形式	斜屋面
2	土质、水位	基底以上土质分层情况	细砂、粉砂⑤$_{-2}$层、重黏质粉土、 黏土⑥层、黏土⑤$_{-1}$层
		地下水位	场区浅层地下水为潜水和层间水， 地下室抗浮设计水位绝对标高为 48.00m
3	地基	持力层土质类别	本工程基础持力层为粉质黏土、黏质粉土≤5 层， −2 层≤细砂、粉砂≤5 层，重黏质粉土、黏土≤6 层， −1 层≤局部下卧重粉质黏土、黏土≤5 层
		地基承载力特征值	f=160kPa
4	地下防水	混凝土自防水等级	P8
		材料防水	(4+3)mm 厚聚酯胎 SBS 卷材防水层
5	混凝土 强度等级	基础垫层	C15
		基础底板、基础梁	C35 P8
		地下室外墙	C40 P8
		剪力墙、框架柱	C40
		梁、板、楼梯	C35、C30
		其他构件	C20
6	抗震等级	抗震设防烈度	8 度
		框架抗震等级	地下 2、3 层三级、地下 1 层及以上二级
7	钢筋类别	非预应力筋 类别及等级	HPB300 级($f_{yk}=270N/mm^2$) HRB335 级($f_{yk}=300N/mm^2$) HRB400 级($f_{yk}=360N/mm^2$)
8	钢筋接头形式	剥肋滚压直螺纹	直径≥16mm 的钢筋
		搭接绑扎	直径≤14mm 的钢筋
9	结构断面 尺寸(mm)	基础底板厚度(mm)	400
		外墙厚度(mm)	300/400
		内墙厚度(mm)	200/300
		柱断面尺寸(mm)	600×600、600×700、600×800、600×1000、 400×400、500×500、500×600、500×1000
		梁断面尺寸(mm)	550×900、400×850、500×550、300×700、 300×400、300×600、200×500、300×800、 400×800、400×750、400×700
		楼板厚度(mm)	120、150、180、100、300
10	楼梯	楼梯结构形式	板式楼梯
11	人防设置等级	核 5 常 5 级一等人员掩蔽所和核 6 常 6 级人防物资库	

4.2.3 工程难点

梁柱截面变化较多，配模方案多变。

本工程梁截面有 550mm×900mm、400mm×850mm、500mm×550mm、300mm×700mm、300mm × 400mm、300mm × 600mm、200mm × 500mm、300mm × 800mm、400mm×800mm、400mm×750mm、400mm×700mm 等多种尺寸，柱截面有 600mm×600mm、600mm × 700mm、600mm × 800mm、600mm × 1000mm、400mm × 400mm、500mm×500mm、500mm×600mm、500mm×1000mm 等尺寸。梁柱交叉多，核心区支模是一项重点。

1. 管理方面

模板工程施工工艺复杂，牵涉到的工序、工种、机具、材料、人员等都比较多，施工质量要求高，必须建立严格的组织管理体系。以下几点组织管理原则，施工中具体布置实施。

（1）组织强有力的项目领导班子，对模板工程的重点、难点以及关键部位进行分析和攻关，编制切实可行的施工方案。

（2）加强过程控制，严格执行三检制。

（3）坚持质量验收制度，按照验收程序，自检不合格不得上报验收。

（4）项目部组建模板验收评定领导小组，对自检合格后的模板工程进行验收，对拆模后的质量进行评定和总结，发现问题、解决问题，使模板工程质量逐步提高。

2. 技术方面

本工程地下室外墙厚度为 400mm 厚，地下 2、3 层层高 4.5m，地下 1 层层高为 4.2m，墙体混凝土每延米方量及模板侧压力较大，需重点计算。

4.3 施工安排

4.3.1 施工部位及工期要求

施工部位及工期要求见表 4-7。

施工部位及工期要求 表 4-7

部位	开始时间	结束时间	备注
地基与基础结构	2014 年 4 月 21 日	2014 年 9 月 7 日	
主体结构	2014 年 9 月 8 日	2014 年 11 月 11 日	

4.3.2 劳动组织及职责分工

1. 项目部施工管理人员安排

项目部施工管理人员安排见表 4-8。

项目部施工管理人员安排 　　　　表 4-8

职务	姓名	岗位职责
生产经理	肖少峰	负责现场人、机、料的全面指挥、调度、协调，落实和完成施工进度计划，负责现场文明施工和成品保护，填写隐预检验收记录
项目总工	赵志刚	负责组织图纸会审、施工方案的编制、施工变更洽商的办理
质检员	高帅亿	负责模板工程全过程的控制，包括地下室木模板的制作和钢模板的检验，组织模板分项检验批的验收，并填写检验批验收记录

2. 施工队管理人员安排

施工队管理人员安排见表 4-9。

施工队管理人员安排 　　　　表 4-9

职务	姓名	岗位职责
施工队长	滕广辉	负责现场人、机、料的全面指挥、调度、协调，劳动力的安排，现场施工组织
技术员	张凤根	负责技术交底的落实和实施，指导工人进行操作
木工班长	王建水	合理调配施工人员，负责模板的清理，隔离剂的涂刷，模板吊装、安装和拆除
质检员	夏明	负责模板工程全过程的控制，填写自检记录和报验手续

3. 劳动力准备

为使本工程顺利进行，根据工艺流程及流水段的划分，及时协调各生产要素，科学合理组织劳动力，使工序衔接紧密，节奏明快，操作人员的劳动强度均衡。根据施工总控制计划，现场劳动力投入见表 4-10。

现场劳动力投入 　　　　表 4-10

工种	木工	架子工	壮工	信号工	其他	合计
人数	60	20	50	4	4	138

4.3.3 总体目标

（1）质量目标：合格。

（2）结构工期：计划 2016 年 6 月 9 日开工，2017 年 10 月 7 日竣工。

（3）安全目标：无伤亡事故。

（4）场容目标：干净整洁。

（5）科技管理目标：推行全面质量管理，制定专项科技发展计划。

（6）制定竣工回访和质量保修计划。

4.4 施工准备

4.4.1 技术准备工作

（1）图纸及技术资料的准备：组织有关人员熟悉规范交底，组织图纸会审，了解设计意图，力求将问题控制在施工前。

（2）组织及管理准备：编制施工方案，制定管理措施，建立健全各项管理体系，按审批后的施工方案指导施工。

（3）材料资源调查：根据工程所需要的材料及机械设备用量及时提出计划上报物资部进行解决，尽量避免因此而引起的误工损失。

（4）收集各项资料，合理安排人力、物力。以科学的态度去优化组合，使任务及工序安排更合理。

（5）对特殊工种进行培训，坚持持证上岗。

4.4.2 主要机械设备的选择及数量

为了加快施工进度，减轻劳动强度，根据工程工期、工作量、平面尺寸和施工需要，施工配置机械具体计划见表4-11。

施工机械配置 **表4-11**

机械名称	数量	型号	功率
塔吊	1	TCT6015	90kW
砂轮机	6	SJ08	0.75kW
圆盘锯	2	MJ104	3kW
单面木工压刨床	2	MB103	3kW
手电钻	20	MOD1982	0.4kW
台钻	2	DQ80	2.2kW
手提电锯	2	DQ80	0.5kW
交流电焊机	3	BX3-300-2	23.4kW

4.4.3 材料准备

本工程所用模板材料均由工长提供需用材料计划，报项目技术部审批后，提交物资部提供。材料进场后，公司质量体系程序文件中物资采购供应程序操作，确保进场材料的质量。必须严格按照物资验收程序进行验收，不合格物资严禁进场使用。主要材料计划见表4-12。

主要材料计划表 **表4-12**

材料名称	规格	单位	数量	最早进场日期	备注
多层板	15mm	m^2	700	2016年5月	
多层板	12mm	m^2	10000	2016年5月	
方木	35mm×85mm	m^3	100	2016年5月	
方木	85mm×85mm	m^3	50	2016年5月	
钢管	ϕ48.3×3.6	t	20	2016年5月	
碗扣架		t	50	2016年5月	
顶托	600mm	个	3200	2016年5月	

4.5 主要施工方法及措施

4.5.1 流水段的划分

本工程体量不大，但工期紧，为便于更快、更好地组织施工，根据工程特性，将北京环境科学大楼工程地下结构按照后浇带位置划分为5个流水段进行施工。流水方向为从北至南，地上结构流水段分为2个流水段。

4.5.2 楼板模板及支撑配置层数

梁板模板采用15mm多层板木龙骨体系，碗扣式脚手架支撑，模板的配置量计划按照3层进行配置，模板周转使用，随着施工进度，随时进场和增补。

4.5.3 隔离剂的选用及使用注意事项

结合本工程采用模板情况，墙、柱模板使用水性油质隔离剂；顶板模板均采用水质隔离剂，雨期施工时不宜使用水质隔离剂，加强对模板清理。

模板清理后要及时涂刷隔离剂，并且涂刷均匀，不流坠。

4.5.4 模板设计

1. 底板侧模

底板外侧模板直接利用防水导墙作为外侧模板，防水导墙采用MU10页岩砖、M7.5水泥砂浆砌筑。

2. 导墙模板

根据设计要求，外墙在底板梁表面上300mm位置处留置施工缝，因此此部分墙体随底板一起浇筑。对这部分墙体，外侧模板为防水导墙，内侧模板采用木质模板，35mm×85mm方木背楞，ϕ48.3×3.6钢管支撑固定。

3. 底板集水坑模板

本工程底板集水坑模板采用12mm厚多层板，35mm×85mm方木背楞拼成大模板，再用85mm×85mm方木十字支撑做成整体筒模，基坑底部预留洞口以便振捣，待振捣完毕后封上。

4. 墙体模板

（1）本工程地下墙体模板为木质大模板，模板用量按流水段用量配置。

墙体模板体系由15mm厚多层板、内龙骨为35mm×85mm木方、外龙骨为ϕ48.3×3.6双钢管组成。具体为：模板安装顺序由下往上安装，水平方向安装从阴阳角往中间安装。由于本工程结构跨度较为规律，每跨安装一个大模板，相邻两块板的每个孔都要用U形卡卡紧，使模板的连接稳固可靠，保证板面平整度。一面模板就位后，穿墙螺栓或塑料套管，再安另一侧模板，自下至上使用穿墙螺栓将模板对拉，调整拉杆使模板垂直后，拧紧穿墙螺栓。所有拼缝处均贴海绵条。

模板背楞：横竖背楞由85mm×85mm木方组成，间距均为150mm，背楞直接用钉子与模板连成整体，外龙骨采用 ϕ48.3×3.6 的双钢管，间距 400mm，采用山形卡与木方背楞连接对拉。对拉螺栓采用止水螺栓，螺栓直径 ϕ14。第一道螺栓距地面 200mm，其余竖向间距 400mm。

支撑：为了保证整体墙模刚度和稳定性，地下室墙模板支撑采用 ϕ48.3×3.6 钢管做斜撑，每 1m 高度支撑一道，共支设 3 道支撑，沿墙水平间距为 1.2m 设置。支撑钢管内侧支撑于钢筋地锚上，外侧支撑在基槽护坡上（图 4-1、图 4-2）。

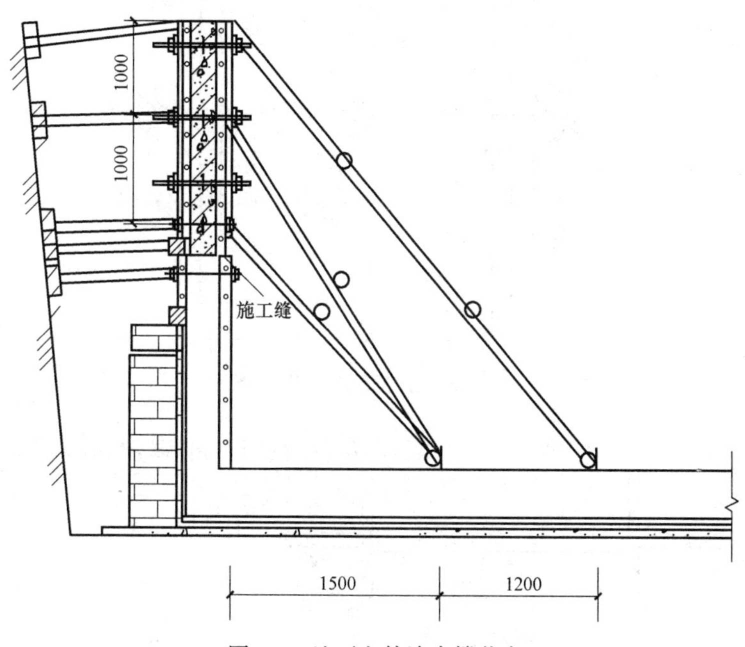

图 4-1　地下室外墙支撑节点

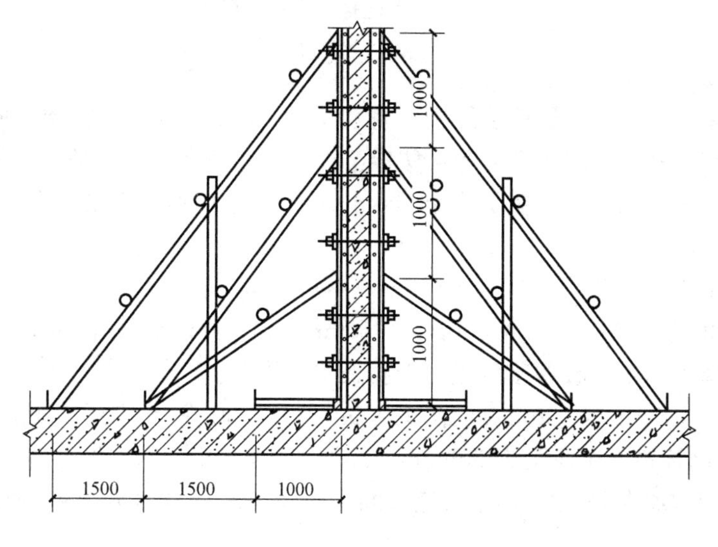

图 4-2　地下室内墙支撑节点

（2）主体结构墙体模板采用 15cm 厚多层板拼装，ϕ48.3×3.6 钢管主龙骨间距 500mm，85mm×85mm 方木次龙骨间距 150mm（中到中为 150mm），顶托支撑体系。

（3）对拉穿墙螺杆

对拉螺栓采用钢筋套丝成型，地下室外墙及人防墙体均采用 ϕ14 止水对拉螺栓，地上内墙木模采用 ϕ14 普通对拉螺栓（图 4-3、图 4-4）。

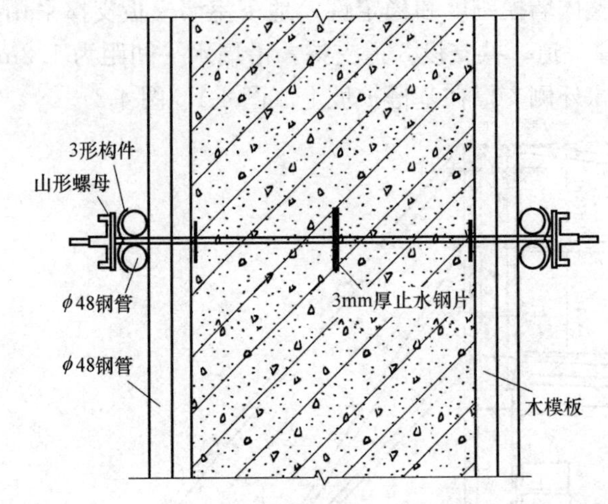

图 4-3　止水螺栓安装示意

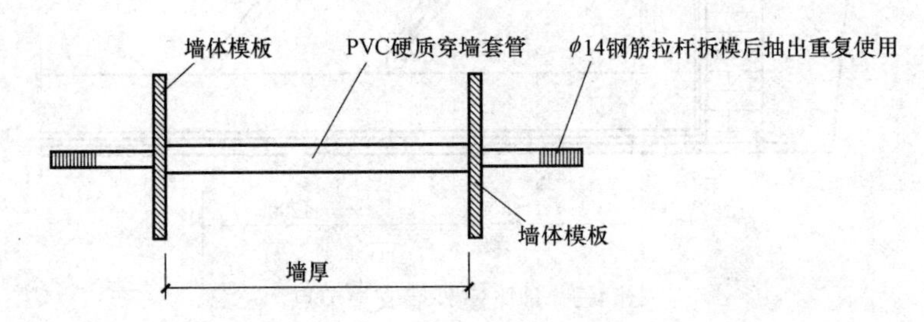

图 4-4　普通螺栓安装示意

5. 柱模板设计

方柱面板采用 15mm 厚覆膜多层板，背楞采用 35mm×85mm 方木，间距为 150mm，所有背楞均过刨，柱模板配模高度为从楼板至框架梁底高度，模板拼缝采用硬拼。模板固定采用可调式柱箍，第一个柱箍距地为 200mm，第二个柱箍距离第一个柱箍 400mm，其他柱箍间距 600mm。

6. 梁模板设计

本工程梁截面种类较多，从 200mm×500mm 到 550mm×900mm，底模采用 15mm 厚多层板，侧模采用 12mm 厚多层板、碗扣架支撑体系。

主龙骨采用 85mm×85mm 间距 900mm 方木，次龙骨选用 35mm×85mm 间距 200mm 方木。钢管架支撑间距为 900mm，35mm×85mm 方木作肋，对于梁高≥700mm 的梁模板，两侧增加 M14 对拉螺栓一道，间距 600mm，螺栓外套 PVC 塑料管。

7. 现浇板模板设计

板模板拟采用 15mm 厚多层板作面板，35mm×85mm 木方作次龙骨，间距 200mm，85mm×85mm 间距 1200mm 为主龙骨（地下三层主龙骨为 85mm×85mm 间距 900mm），支撑系统采用碗扣式满堂脚手架，脚手架步距为 1200mm，立杆纵横向间距为 1200mm

（地下三层立杆纵横向间距为 900mm），上设可调顶托，立杆下垫 35mm×85mm×300mm 木方，要求方向一致（图 4-5）。

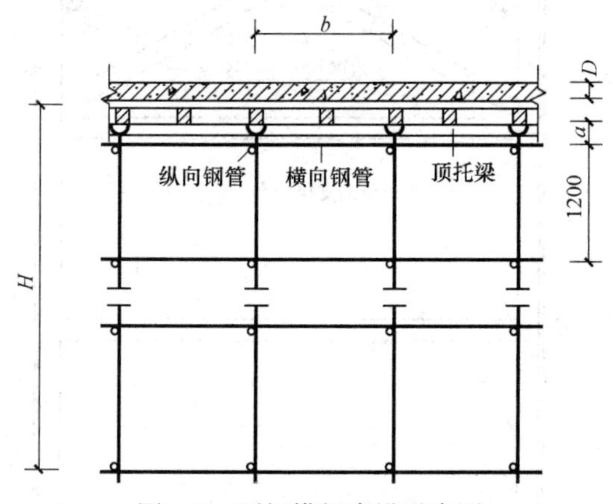

图 4-5　顶板模板支设示意图

注：1. D 为板厚，a 为支撑脚手架自由端长度，$a \leqslant 650$mm。
2. b 为支撑体系立杆间距。
3. H 为顶板模板支撑体系高度。

8. 楼梯模板设计

楼梯模板采用 12mm 厚多层板，35mm×85mm 方木沿板长方向间距 600mm 设置。支撑采用 ϕ48.3×3.6 钢管及底托、顶托，底托下方垫 35mm×85mm 方木。楼梯模板现场制作，现场安装。

楼梯模板施工，先支好底模，再支定型踏步模板。施工过程中注意控制标高，踏步模板注意第一步与最后一步的高度与装修高度的关系。楼梯模板支设如图 4-6 所示。

9. 门窗洞口模板设计

门窗洞口采用工具式钢制模板材制作，门洞口及预留洞口钢板侧面不允许有凹凸变形现象，合模前侧面粘贴好密封条（图 4-7）。

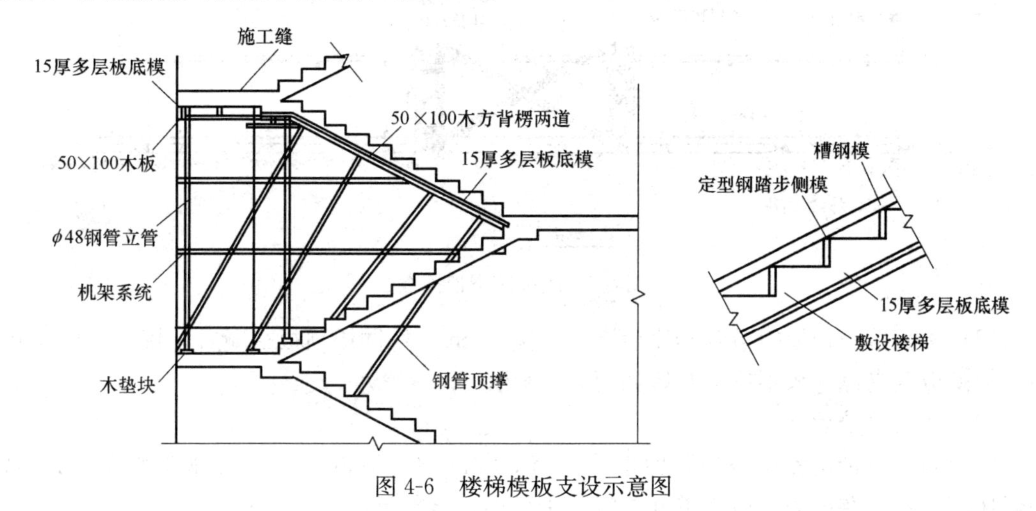

图 4-6　楼梯模板支设示意图

10. 施工缝模板设计

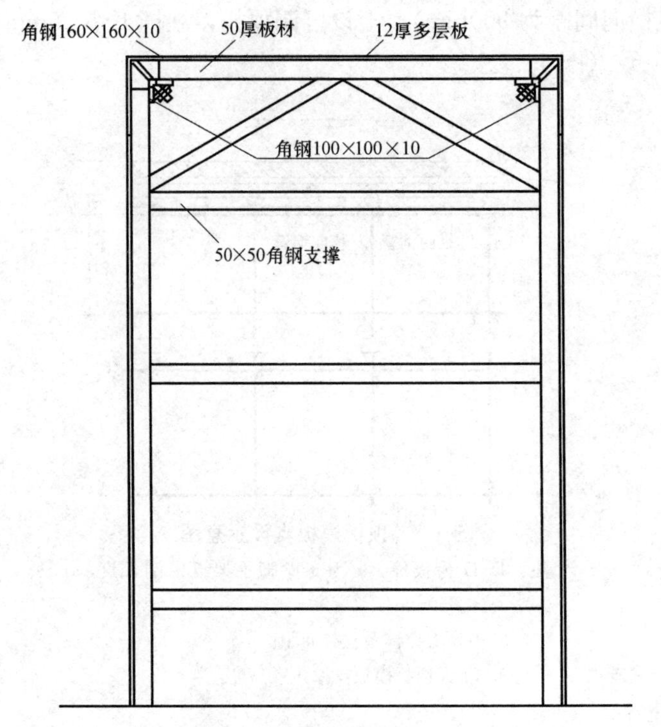

图 4-7　门洞口支模示意图

（1）基础底板后浇带模板如图 4-8 所示。

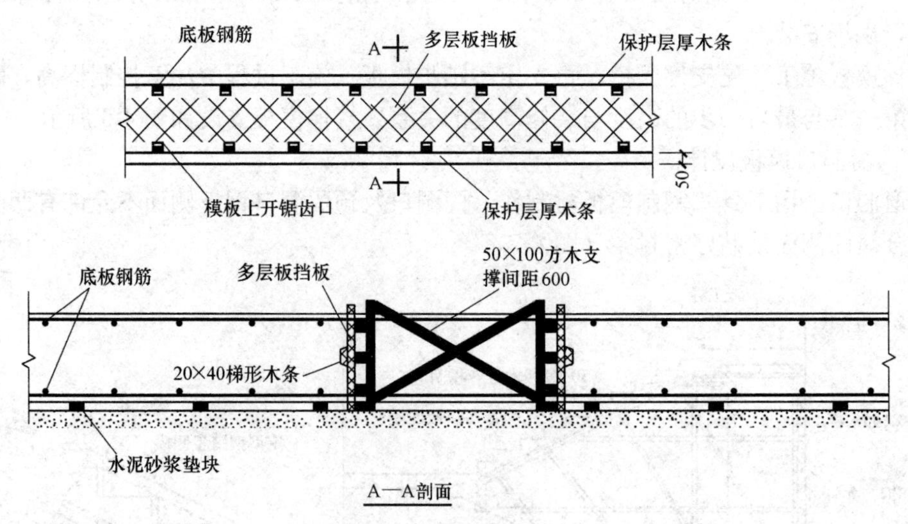

图 4-8　底板后浇带模板

（2）楼板后浇带处模板两侧比后浇带各宽 10cm，待同层顶板初凝后，将其模板拆除，后浇带模板及支撑体系不拆。具体如图 4-9 所示。

（3）剪力墙处后浇带

剪力墙后浇带位置墙两边预留埋件，将 80mm 厚预制混凝土板与埋件焊接，交接处砂浆抹灰，然后在剪力墙后浇带处放双层钢丝网，浇筑混凝土。混凝土施工完毕初凝后拆模，在外墙做防水，防水卷材过预制混凝土板。结构施工完三个月，在墙内侧支模浇筑混

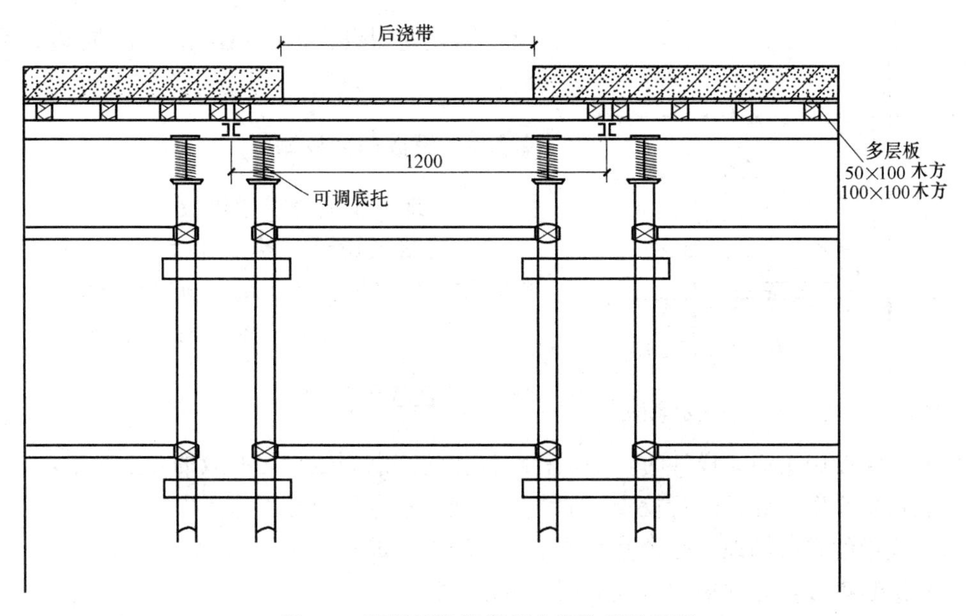

图 4-9　顶板后浇带模板支撑体系示意图

凝土，具体示意如图 4-10 所示。

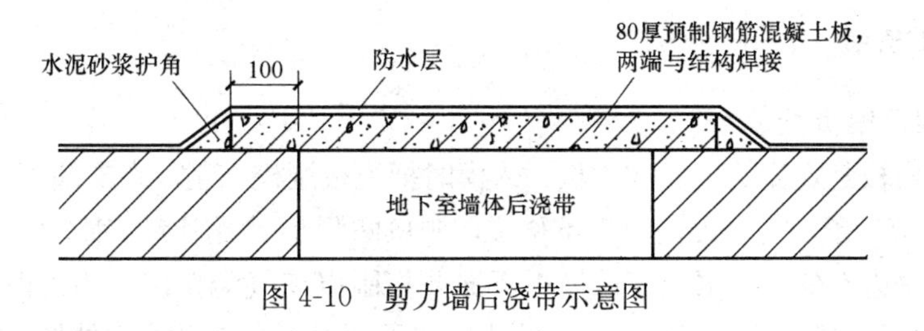

图 4-10　剪力墙后浇带示意图

（4）顶板分段施工缝模板

顶板分段施工缝模板采用 15mm 厚多层板和 35mm×85mm 方木，配置如图 4-11 所示。

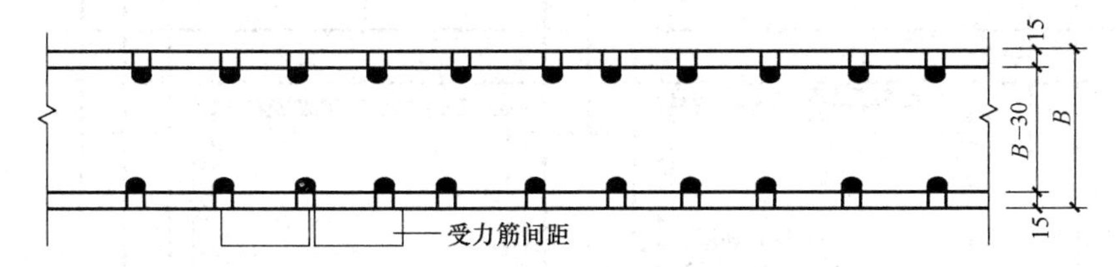

图 4-11　顶板分段施工缝模板示意图

11. 预留洞口模板

（1）墙预留设备洞口模板，采用 12mm 厚多层板及木背楞制作，根据洞口大小不同确定如何加设内撑。

（2）墙预留设备洞口模板安装：上下左右用洞口加筋固定，洞口加筋上朝向洞口模板一侧加 15mm 规格的塑料垫块。在 ϕ12 固定筋朝向洞口模板一侧加 15mm 规格的塑料垫块，如图 4-12 所示。

（3）板预留洞：用四块 12mm 厚多层板制作成符合设计要求的顶板预留洞口模板（前后左右四面，上下没有），如图 4-12 所示。固定方法同墙体洞口模板，靠洞口加筋固

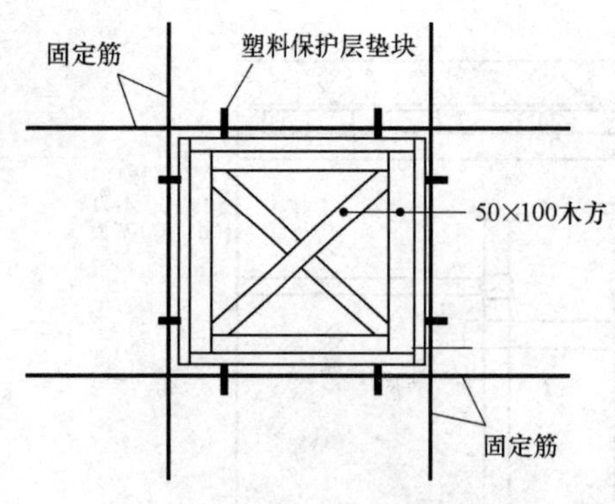

图 4-12 预留洞口模板示意图

定。为防止混凝土漏入，在洞模周边加贴密封条。

4.5.5 模板的现场制作

（1）地下室墙体模板排板。

根据图纸设计，绘制本工程墙体模板排板图，排板时尽量避免小块模板拼装过多。

（2）方柱木模板现场加工、制作。

4.5.6 模板的存放

（1）在编制施工组织设计时，必须针对模板的特点制定行之有效的安全措施，并层层进行安全技术交底，经常进行检查，加强安全施工的宣传教育工作。

（2）模板的堆放场地，必须坚实平整，且堆放区成封闭场地。

（3）吊装模板，必须采用自锁卡环，防止脱扣。

（4）吊装作业要建立统一的指挥信号。吊装工要经过培训，当模板等吊件就位或落地时，要防止摇晃碰人或碰坏墙体。

4.5.7 模板的安装

1. 门窗洞口模板安装

门窗洞口模板是定做的工具式模板，入模时把模板调校方正，在支墙模前沿洞口模板四周贴好 3cm 厚密封条。为保证门窗口不移位，洞口两侧及下面用 $\phi12$ 钢筋弯成开口套与附加筋点焊牢固，每边不少于 3 根，窗口模板下面要打眼以使气泡排出，为使窗口不产生上浮，下口边用 $\phi6$ 钢筋与窗台筋连接牢固，为防止门口下面变形，在贴地面处加一道横撑。

门窗口支模示意如图 4-13 所示。

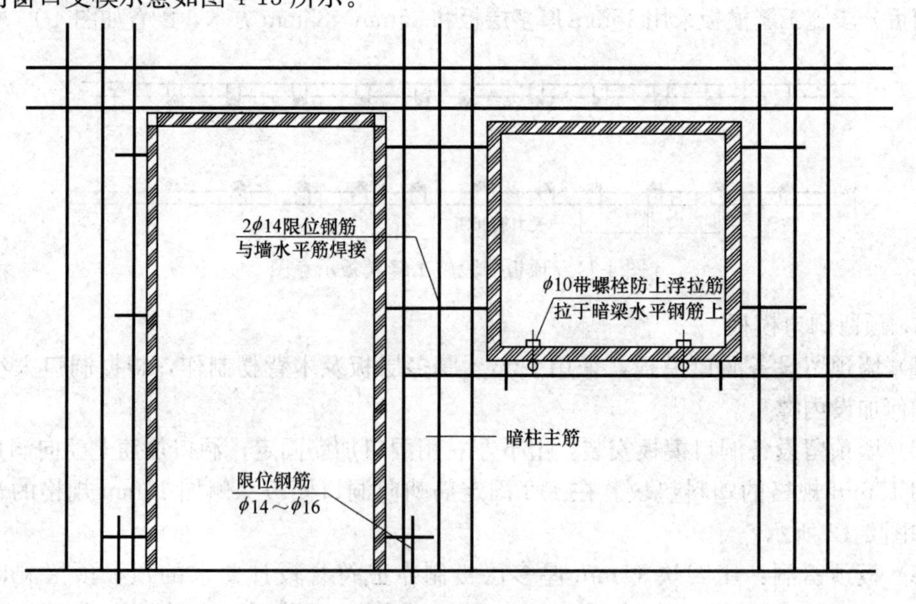

图 4-13 门窗口支模示意图

2. 地下室外墙模板支

(1) 在底板浇筑混凝土时预埋 $\phi 25$ 钢筋地锚。地锚距墙 3～4m，露出地面 200mm，间距 1.2m 放置，与附加的钢筋焊接。

(2) 模板使用前，预先装配好，标明模板编号，并吊至安装地点，按照编号在相应的模位安装。

(3) 按位置线先拼装一面模板，然后安装斜撑，穿塑料套管和穿墙螺栓，穿墙螺栓规格和间距在模板设计时应明确规定，再安另一侧模板，调整斜撑（拉杆）使模板垂直后，拧紧穿墙螺栓。

(4) 地下室外墙模板支撑采用 $\phi 48.3\times 3.6$ 钢管做斜撑，每 1m 高度支撑一道，支撑沿墙间距为 1.2m 设置。支撑钢管内侧支撑于钢筋地锚上，外侧支撑在基槽护坡上。

3. 柱模板安装

(1) 施工工艺：搭设脚手架→柱模就位→安装柱模→安设支撑→固定柱模→浇筑混凝土→拆除脚手架、模板→清理模板。

(2) 柱模安装前，必须在楼板面放线、验线，放线时应弹出中心线、边线、支模控制线。

(3) 柱根施工缝处经剔凿、清理、吹洗干净后，根据柱模控制线找准模板位置，调整其垂直度。逐块修整板面、边框，清理混凝土残渣、泥浆，并涂刷隔离剂。

(4) 为防止柱子模板根部浇筑混凝土时漏浆，支模前应在楼面柱子根部粘贴海绵条。

(5) 柱模安装完成后，将柱模内清理干净，封闭清理口，办理柱模预检（图 4-14）。

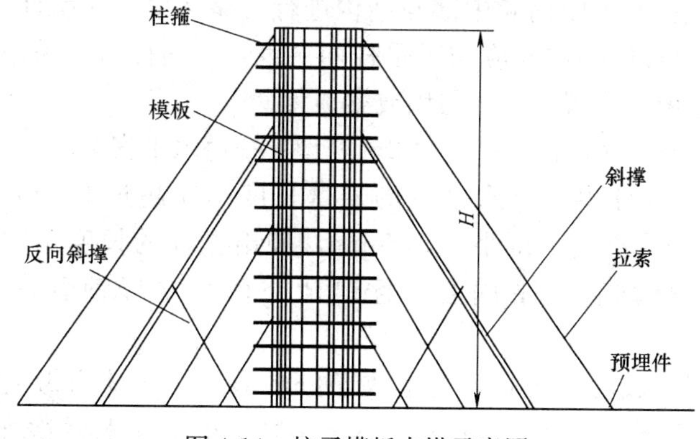

图 4-14　柱子模板支搭示意图

4. 梁模板安装

(1) 施工工艺：搭设模板支架→调整标高→安装梁底模→绑梁钢筋→安装侧模→办预检。

(2) 按照梁模设计支设模板支架，搭设完毕后，按设计标高调整支柱的标高，然后安装梁底板，并拉线找直，梁底板应起拱，当梁跨度大于或等于 4m 时，梁底板按设计要求起拱。如设计无要求时，梁按照 4～6m 跨度（净跨）起拱为 15mm，6～8m 跨度（净跨）起拱为 20mm。

(3) 绑扎梁钢筋，经检查合格后办理隐检，并清除杂物，安装侧模板，并根据计算加穿梁螺栓加固。

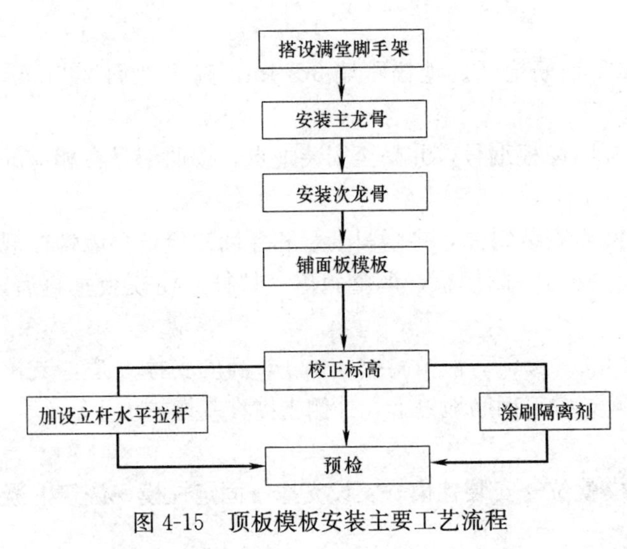

图 4-15 顶板模板安装主要工艺流程

(4) 安装后校正梁中线、标高、断面尺寸。将梁模板内杂物清理干净，检查合格后办预检。

5. 顶板模板安装

(1) 主要工艺流程如图 4-15 所示。

(2) 调整现浇板支撑架的纵横向间距，满堂红碗扣架搭设要求拉杆放齐，扣件上紧，再放上顶托，依标高调整好高度。摆放碗扣架立杆时在每根碗扣架立杆下部垫 35mm×85mm×300mm 方木，且方向一致，为保证上下层的碗扣件立杆在一条垂直线上，支撑前放线人员放出立杆位置线。

模板支撑架应在架体周边、内部纵向和横向每隔不大于 9m 设置一道竖向钢管扣件剪刀撑；每道竖向剪刀撑应连续设置，剪刀撑的宽度宜为 6～9m。

模板支撑架在架体顶层水平杆设置层设置一道水平剪刀撑；每道水平剪刀撑应连续设置，剪刀撑宽度宜为 6～9m。

架体搭设时，应在架体四周和中部与结构进行可靠连接，连墙件水平间距不宜大于 8m，竖向间距不宜超过两步，并应与水平杆同层设置；遇柱时，采用抱箍式连接措施，架体两端有墙或边梁时，设置水平杆与墙或梁顶紧。

架体搭设高度大于 2m 时，在高度每 2m 处设置一道水平安全网。

立杆顶端可调托撑伸出顶层水平杆的悬臂长度不应超过 650mm。可调托撑和可调底座螺杆插入立杆的长度不得小于 150mm，伸出立杆的长度不宜大于 300mm，安装时其螺杆应与立杆钢管上下同心，且螺杆外径与立杆钢管内径的间隙不应大于 3mm。

(3) 碗扣架搭设完成后，在 U 形托上放置 85mm×85mm 木方做主龙骨，主龙骨上间距 1200mm 布置（地下 3 层为 900mm）。35mm × 85mm 方木做次龙骨，次龙骨间距 200mm，次龙骨上覆 15mm 厚多层板，用铁钉固定，再依标高控制线在板下调整高度，控制板面标高略高 1mm 左右。

(4) 板与板交接缝处放置 85mm×85mm 木方，便于固定多层板。

(5) 板与板交接缝处放好木方，便于固定多层板。

(6) 模板之间采用硬拼缝，安装面板前必须将板边刨直刨齐，保证拼缝严密。

(7) 模板跨度大于 4m 的板统一按照 10mm 起拱，板起拱四周不动，中间起拱的原则进行。

(8) 立杆支撑位置上下保持对应。

(9) 阳台、挑板模板随顶板一起支设，栏板后浇，施工缝留成坡口形式。

(10) 剪力墙施工至板底，有梁部位留设梁窝，高度不小于梁上铁下锚尺寸。

4.5.8　模板拆除

1. 墙柱模板拆除

模板拆除时混凝土的强度应达到不因拆模而使混凝土缺棱掉角。

(1) 拆模顺序是：先拆纵墙模板，后拆横墙模板和门洞模板及组合模板。

每块模板的拆除顺序是：先将连接件，如花篮螺栓、上下卡子、穿墙螺栓等拆除，放入工具箱内，再松动地脚螺栓，使用撬棍撬动模板底部，不得在上口撬动、晃动和用大锤砸模板。

(2) 角模的拆除：角模的两侧都是混凝土墙面，吸附力较大，加之施工中模板封闭不严，或者角模位移，被混凝土握裹，因此拆模比较困难。可先在角模上部焊一根 50cm 长的钢管，拆模时用撬棍轻轻撬动，将角模脱出。千万不可因拆模困难用大锤砸角模，造成变形，为以后的支模、拆模造成更大困难。

(3) 角模及门洞模板拆除后，要及时进行修整，以便于周转使用。跨度大于 1000mm 的门洞口，拆模后要加设支撑，或延期拆模。

(4) 拆模后在起吊模板前，要认真检查穿墙螺栓是否全部拆完，无障碍后方可吊出。吊运模板时不得碰撞墙体，以防墙体裂缝。模板尽量做到不落地，直接在楼层上进行转移，以减少占用塔机的时间。

(5) 模板及其配套模板拆除后，及时将模板板面的水泥浆清理干净，刷好隔离剂，以备下次使用。在楼层上涂刷隔离剂时，要防止将隔离剂溅到钢筋和混凝土板面上。

2. 顶板模板拆除

(1) 模板拆除，遵循先安后拆，后安先拆的原则。

(2) 拆除时先调减调节杆长度，再拆除主、次龙骨及多层板，最后拆除脚手架，严禁颠倒工序损坏面板材料。

(3) 拆除后的模板材料，及时清除面板混凝土残留物，涂刷隔离剂。

(4) 拆除后的模板及支承材料按照一定顺序堆放，尽量保证上下对称使用。

(5) 严格按规范规定的要求拆模，严禁为抢工期、节约材料而提前拆模。

(6) 承重性模板（梁、板模板）拆除时间见表 4-13。

承重性模板（梁、板模板）拆除时间　　表 4-13

结构名称	结构跨度(m)	达到标准强度百分率(%)
板	≤2	≥50
	＞2,≤8	≥75
	＞8	≥100
梁	＞8	≥100
	≤8	≥75
悬臂构件	—	≥100

(7) 非承重构件（墙、梁侧模）拆除时，在常温 20℃下，侧模在混凝土强度达到 1.2MPa 时方可拆除，通常是混凝土的强度在拆模时应能保证不缺棱掉角。

(8) 根据《混凝土结构工程施工质量验收规范》GB 50204—2015 规定："已拆除模板

及支架的结构，在混凝土强度符合设计强度等级的要求后，方可承受全部使用荷载；当施工荷载所产生的效应更为不利时必须经过核算，加设临时支撑。”

3. 后浇带模板的拆除时间及要求

后浇带模板自成独立支撑体系，地下室顶板模板拆除时，后浇带处模板不受影响，也不拆除，待地下室顶板混凝土浇筑后两个月进行后浇带混凝土浇筑。

4.5.9 模板的维护与维修

1. 模板使用过程中注意事项

（1）模板安装必须垂直，角模方正，位置标高正确，两端水平标高一致。

（2）模板之间的拼缝及模板与结构之间的接缝必须严密，不得漏浆。

（3）门窗洞口必须垂直方正，位置准确采用先立口做法，门框必须固定牢固、连接严密，两侧与模板面接触处粘贴 6mm×20mm 海棉条。在浇灌混凝土时不得位移和变形。

（4）隔离剂必须涂刷均匀。

（5）拆除墙柱模板时严禁碰撞墙柱。对拆下的模板要及时进行清理和保养，发现变形、开焊要及时进行修理。

（6）电梯井筒及楼梯间墙支模时，必须保证上下层接槎顺直，不错台不漏浆。

（7）安装或拆除大模板时，操作人员和指挥必须站在安全可靠的地方，防止意外伤人。

（8）拆模后起吊模板时，检查所有的穿墙螺栓和连接件是否全都有拆除，在确无遗漏、模板与墙柱完全脱离后，方准起吊。待起吊高度超过障碍物后，方可转臂行车。

2. 多层板的使用维护

（1）顶板模板，尽量做到同部位上、下层周转。避免用到别处不同尺寸部位。

（2）模板拆除时，严禁用撬棍乱撬和高处向下乱抛，以防口角损坏。

（3）梁、板模板支设完成以后，在其上面焊接或割除钢筋时，模板上必须垫钢板，以防烧伤模板。

（4）边角模板严禁用整板模切割。

（5）木模板码放时要套叠成垛，码放高度应控制，不得因码放过高使模板受损。

4.5.10 季节性施工措施

根据总控进度计划安排本结构工程经过雨期；因此，需要考虑雨期施工，按照雨施方案组织实施。

4.6 质量要求及管理措施

4.6.1 工程质量目标

本工程按照国家标准及北京市的要求，以及施工规范、规程进行质量检查评定。

4.6.2 质量要求及允许偏差

（1）模板及其支撑必须有足够的强度、刚度和稳定性，不允许出现沉降和变形。

（2）模板内侧平整，模板接缝不大于 1mm，模板与混凝土接触面清理干净，隔离剂涂刷均匀。

（3）在浇筑混凝土过程中，派专人看模，检查扣件、对拉螺栓螺母紧固情况，发现变形、松动等现象及时修整加固。

（4）模板制作允许偏差见表 4-14。

模板制作允许偏差 **表 4-14**

项　目	允许偏差(mm)	检验方法
平面尺寸	−2	尺检
表面平整	2	2m 靠尺
对角线差	3	尺检
螺栓孔位偏差	2	尺检

（5）模板安装允许偏差见表 4-15。

模板安装允许偏差 **表 4-15**

项次	项　目		允许偏差(mm)	检验方法
1	轴线位移	柱、梁、墙	5	尺量
2	底模上表面标高		±5	水准仪或拉线、尺量
3	截面模内尺寸	基础	±10	尺量
		柱、梁、墙	+4,−5	
4	层高垂直	层高不大于 6m	8	经纬仪或吊线、尺量
		大于 6m	10	
5	相邻两板表面高低差		2	尺量
6	表面平整度		5	靠尺、塞尺
7	阴阳角	方正	—	方尺、塞尺
		顺直	—	线尺
8	预埋铁件中心线位移		3	拉线、尺量
9	预埋管、螺栓	中心线位移	3	拉线、尺量
		螺栓外露长度	+10,0	
10	预留孔洞	中心线位移尺寸	+10	拉线、尺量
			+10,0	
11	门窗洞口	中心线位移	+10	拉线、尺量
		宽、高	+10	
12	插筋	中心线位移外露长度	5	尺量
			+10,0	

4.6.3　质量保证措施

（1）根据质量保证体系图，建立岗位责任制及质量监督制度，明确分工职责，落实施工质量控制责任。

（2）严格按工序质量程序进行施工，确保施工质量。

（3）全面推行样板制。对分项样板施工进行专项控制，监督施工全过程。分项样板施工完后，组织甲方、监理进行检查，认可后方可大面积施工。

（4）施工过程中建立有效的质量信息反馈及定期质量检查制度。

1）项目经理部对于施工中出现的问题，以质量问题整改单形式下发至班组，同时报项目技术负责人、生产经理、工程部、技术部备案，并对质量问题整改单上的问题进行跟踪、复检。

2）项目经理部定于每月 5 日由项目总工牵头，组织项目各负责人参加现场质量联合检查活动。检查上月施工中的质量情况，总结经验提出问题，将质量检查情况通报各方。

（5）建立完善的组织机构和质量职责，制定各级岗位人员职责，明确分工。

（6）做好工程质量计划、措施的制定和实施工作，确定技术交底中质量标准。

（7）组织班组人员的技术培训和岗位教育。

（8）贯彻执行自检、互检、交接检制度，开展“一案三工序”管理活动，及时提出存在的质量问题和工序改进建议，对交付检验的工程质量负责。

（9）加强施工图纸和变更洽商的使用和管理，施工技术人员要认真理解设计意图，对变更要及时通知有关人员。

（10）给现场管理人员和施工人员配备齐各类施工规范、规程、标准图集等指导性文件，建立借阅手续，为正确施工提供必要的技术保证。每天召开主要管理人员碰头会，及时解决、协调质量问题。

（11）模板支设过程中，木屑、杂物必须清理干净，在顶板下口、墙根部留设清扫口。将杂物及时清扫后再封上。

（12）对局部的漏浆、挂浆应及时铲除。

（13）对各类模板制作严格要求，经项目部技术质量部验收合格后方可投入使用。模板支设完后先进行自检，其允许偏差必须符合要求。凡不符合要求的及时返工调整，合格后方可报验。

（14）模板验收重点控制模板的刚度、垂直度、平整度，特别注意外围模板、电梯井模板、楼梯间等处模板轴线位置正确性。

（15）模板支设前，必须与上道工序进行交接检查，检查钢筋、水电预埋箱盒、预埋件、预留筋位置及保护层厚度等是否满足要求，执行各专业工种联检制度，会签后方可进行下道工序施工。

（16）为有效控制保护层及模板位置，模板支设前，其根部须加焊 ϕ14 钢筋限位，以确保其位置正确。顶板混凝土浇筑时在墙根部预埋 ϕ14 短钢筋头，以便与定位筋焊接，避免与主筋焊接咬伤主筋。限位筋按 1.2m 设置。

（17）为保证保护层厚度，在支设模板前要在墙筋上放置塑料垫块、限位卡梯形筋；并在墙、柱上口钢筋保护层上放置限位器，以确保混凝土保护层厚度。

（18）木制体系的模板拼装前须将龙骨和多层板的边缘刨光，以便使龙骨与模板、模板与模板接合紧密。

（19）为防止墙柱模板根部漏浆，在其脚下垫 10mm 厚海绵条的措施来防漏浆。

4.7 其他管理措施

4.7.1 安全注意事项及保证措施

（1）建立安全施工保证体系，落实安全施工岗位责任制。

（2）建立健全安全生产责任制，签订安全生产责任书，将目标层层分解落实到人。

（3）队伍进场后，所有人员经过项目安全科的三级安全教育考试合格后，方可进入现场施工。

（4）施工前，工长必须对工人有安全交底；进入施工现场人员必须戴好安全帽，高空作业必须用安全带，并要系牢。做好结构的临边防护及安全网的设置。医生检查认为不适合高空作业者不得进行高空作业。

（5）特殊工种人员必须持证上岗。

（6）强化安全法制观念，各项工序施工前必须进行书面安全交底，交底双方签字齐全后交项目安全科检查、存档。

（7）现场临电设施定期检查，保证临电接地、漏电保护器、开关齐备有效。夜间施工，施工现场及道路上必须有足够的照明，现场必须配置专职电工 24 小时值班。

（8）落实“安全第一、预防为主”的方针，现场内各种安全标牌齐全、醒目，严禁违章作业及指挥。现场危险地区悬挂“危险”或“禁止通行”的明显标志，夜间设红灯警示。

（9）模板堆放区场地必须坚实无下沉，模板堆放倾角≤80°。

（10）吊装模板设专人指挥，不得擅自违章作业。模板安装应有缆绳，以防模板在高空转动。风力过大，应停止吊运。不得随意将两块模板连接后同时起吊。经常对吊勾进行检查，如发生破坏立即停止吊运，更换合格的吊勾后方可继续吊运。

（11）大模板施工应按其专业施工要求进行施工。

（12）施工现场不准吸烟。模板堆放区、木工房、木料堆放区应有完善的防火、灭火措施。

（13）拆模板时相互配合，协同工作。传递工具时不得抛掷。拆顶板模板时不允许将整块模板撬落。拆模时应注意人员行走，并注意提醒。

（14）不得在脚手架上堆放木料、模板及其他材料。

（15）模板支设做到工完场清，现场模板架料堆放整齐，有明显标识；木模板堆放场地必须平整、坚实，无支架模板须置于钢管搭设的护栏内。不得在脚手架上堆放大批模板及材料。现场模板架料和废料及时清理，并将裸露的钉子拔掉或打弯。

（16）施工中的楼梯口、电梯口、预留洞口、出入口做好有效防护。

4.7.2 文明施工及环境保护管理措施

（1）文明施工管理系统如图 4-16 所示。

（2）现场场容实行责任区包干制度，定期检查评比。

（3）现场临时道路进行硬化处理，每天洒水清扫，防止扬尘。出场车辆经过清扫处

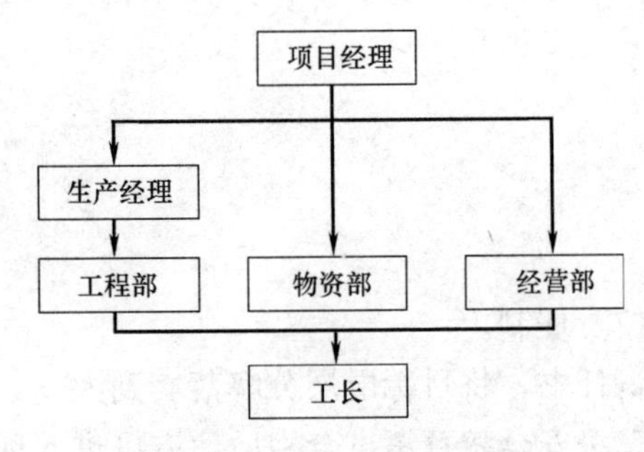

图 4-16　文明施工管理系统图

理，防止沿途遗撒。

（4）合理安排施工工序，尽量降低噪声。

（5）现场废料及加工厂木屑等，按照指定地点堆放，然后由专用车辆，运至场外废弃场。

（6）工地厕所及时清扫、打药。

4.7.3　成品保护措施

在多工种多层次组织交叉流水作业的施工现场，做好成品保护工作有利于保证工程质量和施工进度，并节约材料和人工。因此应采取如下措施：

（1）抓好宣传教育工作，使全体干部职工从思想上重视、行动上注意。

（2）安排生产的主要领导要认真做好各合理安排工序，科学管理。

（3）不得拆改模板有关连接插件及螺栓，以保证模板质量。

（4）模板拆除时能保证其表面及棱角不因拆模而受损。

（5）将土建、水、电、空调、消防等各专业工序相互协调，排出工序流程表，各专业按此流程施工，严禁违反程序施工。

（6）工序交接全部采用书面形式并由双方签字认可，由下道工序作业人员和成品保护人员同时签字确认。下道工序作业人员对防止成品的污染、损坏或丢失负直接责任，成品保护人对成品保护负监督、检查责任。

4.7.4　材料管理措施

（1）项目部按公司质量体系程序文件对采购进场材料进行质量检验和控制。材料进场必须有材质证明，根据要求进行抽样送检试验。

（2）加强材料的保管工作，最大限度地减少人为损耗。

（3）加强材料的平面布置及合理码放，防止因码放不合理造成的损坏和浪费。

（4）加强施工现场、垃圾站的管理，做好剩余材料的分拣、回收工作。

（5）施工完毕后，剩余材料及时收集整理，严禁随意乱扔。